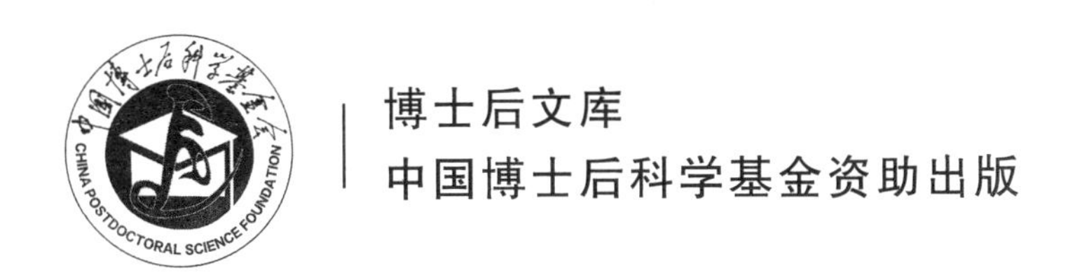

基于脉冲激光沉积富硼 B-C 薄膜的关键技术研究

章 嵩 著

科 学 出 版 社
北 京

内 容 简 介

本书旨在利用脉冲激光沉积技术，将其分别采用碳化硼陶瓷靶与硼-碳拼合靶为靶材。通过对靶材成分、组成形式及沉积温度等工艺参数的调整，得到表面平整、厚度均匀及成分可控的富硼B-C薄膜，建立靶材成分、组成形式和沉积温度等工艺参数与薄膜组成、结构之间的关系，对该系列薄膜的生长机理进行分析研究。

本书可作为薄膜材料研究专业科技人员的参考书，也可作为高等院校材料类及相关专业的本科生、研究生教学用书。

图书在版编目(CIP)数据

基于脉冲激光沉积富硼B-C薄膜的关键技术研究/章嵩著. —北京：科学出版社，2017.11

(博士后文库)

ISBN 978-7-03-055333-1

Ⅰ.①基… Ⅱ.①章… Ⅲ.①富硼渣-激光淀积-研究 Ⅳ.①TD926.4

中国版本图书馆CIP数据核字(2017)第277150号

责任编辑：吉正霞 王 晶/责任校对：董艳辉

责任印制：彭 超/封面设计：苏 波

科学出版社 出版

北京东黄城根北街16号

邮政编码：100717

http://www.sciencep.com

武汉中科兴业印务有限公司印刷

科学出版社发行 各地新华书店经销

*

开本：B5(720×1000)

2017年11月第 一 版 印张：6 1/2

2017年11月第一次印刷 字数：126 000

定价：38.00元

(如有印装质量问题，我社负责调换)

《博士后文库》编委会名单

《博士后文库》序言

1985 年，在李政道先生的倡议和邓小平同志的亲自关怀下，我国建立了博士后制度，同时设立了博士后科学基金。30 多年来，在党和国家的高度重视下，在社会各方面的关心和支持下，博士后制度为我国培养了一大批青年高层次创新人才。在这一过程中，博士后科学基金发挥了不可替代的独特作用。

博士后科学基金是中国特色博士后制度的重要组成部分，专门用于资助博士后研究人员开展创新探索。博士后科学基金的资助，对正处于独立科研生涯起步阶段的博士后研究人员来说，适逢其时，有利于培养他们独立的科研人格、在选题方面的竞争意识以及负责的精神，是他们独立从事科研工作的"第一桶金"。尽管博士后科学基金资助金额不大，但对博士后青年创新人才的培养和激励作用不可估量。四两拨千斤，博士后科学基金有效地推动了博士后研究人员迅速成长为高水平的研究人才，"小基金发挥了大作用"。

在博士后科学基金的资助下，博士后研究人员的优秀学术成果不断涌现。2013 年，为提高博士后科学基金的资助效益，中国博士后科学基金会联合科学出版社开展了博士后优秀学术专著出版资助工作，通过专家评审遴选出优秀的博士后学术著作，收入《博士后文库》，由博士后科学基金资助、科学出版社出版。我们希望，借此打造专属于博士后学术创新的旗舰图书品牌，激励博士后研究人员潜心科研，扎实治学，提升博士后优秀学术成果的社会影响力。

2015 年，国务院办公厅印发了《关于改革完善博士后制度的意见》（国办发〔2015〕87 号），将"实施自然科学、人文社会科学优秀博士后论著出版支持计划"作为"十三五"期间博士后工作的重要内容和提升博士后研究人员培养质量的重要手段，这更加凸显了出版资助工作的意义。我相信，我们提供的这个出版资助平台将对博士后研究人员激发创新智慧、凝聚创新力量发挥独特的作用，促使博士后研究人员的创新成果更好地服务于创新驱动发展战略和创新型国家的建设。

祝愿广大博士后研究人员在博士后科学基金的资助下早日成长为栋梁之才，为实现中华民族伟大复兴的中国梦做出更大的贡献。

中国博士后科学基金会理事长

前　言

随着激光惯性约束核聚变技术的深入研究，B-C 薄膜在该领域显示出其他传统材料不可比拟的广阔应用前景。为了克服由传统工艺带来的靶材及薄膜成分单一这一缺陷，本研究从优化工艺入手，以脉冲激光沉积技术这一当今主流的物理沉积法为手段，设计、制备出成分在较大范围内可控制的富硼 B-C 薄膜。通过对所制备薄膜的物相组成、显微结构、电子结构的研究，并对薄膜沉积过程的模拟计算，对成分可控的 B-C 薄膜的沉积机理做出科学的解释。此研究工作具有双重意义，除可为激光惯性约束核聚变技术与热电材料器件技术提供有力的基础支持外，还可为一些多元偏离化学计量薄膜（如 Mg-Si、Cu-W、B-N-C 系列薄膜）的设计与研发提供经验支持。

本书以“基于脉冲激光沉积富硼 B-C 薄膜的关键技术研究”为主要内容，旨在利用脉冲激光沉积技术，通过对靶材成分、组成形式及沉积温度等工艺参数的调整，得到表面平整、厚度均匀及成分可控的富硼 B-C 薄膜。建立靶材成分、组成形式和沉积温度等工艺参数与薄膜组成、结构之间的关系，对该系列薄膜的生长机理进行分析研究。其主要内容如下：

（1）利用放电等离子烧结（SPS）技术，用单质硼、碳粉制备出具有不同成分的致密度高、晶粒尺寸细小的富硼 B-C 陶瓷靶材。利用 X 射线衍射（XRD）、透射电子显微镜（TEM）、X 射线光电子能谱分析（XPS）研究靶材中物相组成、显微结构和化学组成的变化规律。

（2）以 SPS 制备出的富硼 B-C 陶瓷为靶材进行脉冲激光沉积，以获得富硼 B-C 薄膜。考察靶材成分、激光能量、靶-基距等工艺参数与薄膜成分之间的关系，并由此实现对薄膜组成的控制。

（3）对不同组成形式的 B-C 拼合靶材进行脉冲激光沉积，以获得富硼 B-C 薄膜。考察靶材的拼合角度比[$\theta/(2\pi-\theta)$]、靶材自转速度、沉积温度等工艺参数与薄膜的成分之间的关系，实现对薄膜组成的控制。

（4）通过对薄膜沉积过程的模拟计算，并结合 XPS 对材料化学结构的分析，研究以 B-C 拼合靶为靶材的沉积过程，分析模拟计算结果与实验数据之间差异的形成原因。

衷心感谢武汉理工大学材料复合新技术国家重点实验室张联盟教授课题组、涂溶教授课题组与华中科技大学吕文中教授课题组的师生对本工作的直接帮助和指导，感谢他们为本书的修改提出许多有益的意见与建议。本工作还得到武汉理工大学材料研究与测试中心、华中师范大学物理学院、武汉大学物理学院、中国科学院上海硅酸盐研究所的大力协助，在此表示深深的谢意。

由于作者水平有限，书中难免存在疏漏之处，恳请读者批评指正。

章　嵩

2017年6月

于武汉理工大学

符　号　表

b	靶材对激光的吸收系数
BE	电子结合能
c	脉冲停止时等离子体的平均体密度
d	晶面间距
D	密度
d_a	脉冲激光烧蚀靶材的深度
D_a	轴偏距
D_r	相对密度
$D_{T\text{-}S}$	靶材与基板之间的距离
d_z	SPS 炉中的 z 轴位移
E_s	材料由固态变到气态的升华能
I_0	入射激光能量密度
I_x	入射激光在 x 深度的能量密度
m	被蒸发粒子的摩尔质量
n	靶材的折射率
N	单位面积靶材上的粒子蒸发率
P_L	激光能量
$R_{B/C}$	材料中的硼碳原子比
R_{dep}	沉积速率
r_{sub}	基板转速
r_{tag}	靶材转速
s	脉冲激光照射在靶材表面的作用面积
S	等离子体边界的闭合曲面的面积
t	薄膜厚度
t_{dep}	沉积时间
t_s	烧结时间
T_s	烧结温度
T_{sub}	基板温度

T_v	靶材的气化温度
V	等离子体边界所包括的等离子体积
V_τ	脉冲停止时等离子体的体积
λ	激光波长
ρ	靶材的密度
ρ_D	等离子体的密度
τ	激光脉冲持续时间
Ω	薄膜中硼、碳原子的数目

目　录

第1章 导 论

21世纪人类面临人口增长、能源短缺、水资源缺乏、环境恶化等危机。不久，人类将会感到能源短缺的巨大压力，以石油、煤、天然气为代表的化石能源终将在几百年内枯竭，核裂变能源由于安全性和核废料处理等问题也不尽如人意。人类期待着新的能源，受控热核聚变反应能释放巨大的能量，而且由于这种能源安全、清洁，并以取之不尽、用之不竭的海水作为燃料，因此受控热核聚变能是人类下一代能源的主要希望所在。核裂变反应能是重原子核受到中子的轰击变为轻原子核时所释放的能量；与之相反，核聚变反应能则是轻原子核聚变为重原子核时所释放的能量。

核聚变反应中最常用的燃料为氘和氚，氘和氚都带正电荷，互相排斥，因此要把它们聚合起来，需要巨大的能量才能克服它们相互的斥力。在恒星中，此能量是靠恒星自身内部的巨大压力提供的。在一般环境下，则需要把核燃料加热到1亿摄氏度以上的高温，以使氘和氚有足够大的动能，但即使这样也不足以发生核聚变反应，还需要将核燃料约束到足够高的密度，使氘和氚有足够大的概率相撞并发生核聚变反应。

1.1 激光惯性约束核聚变

1.1.1 激光惯性约束核聚变技术

在地球的普遍环境下，主要有两种方法实现受控热核聚变反应：磁约束核聚变（magnetic confinement fusion，MCF）和惯性约束核聚变（inertial confinement fusion，ICF）。磁约束核聚变主要依靠强有力的磁场将低密度、高温度的等离子体约束足够长的时间，以使氘和氚的等离子体达到核聚变反应所需要的条件。目前的磁约束实验装置已经可以分别将较低温度、低密度的等离子体约束到足够长的时间或在短时间内将等离子体加热，但是如何同时做到高温和高密度，仍是一个极大的难题。惯性约束核聚变则是利用高功率激光束均匀辐射氘、氚等热核燃料组成的微型靶丸。在极短的时间里靶丸表面在高功率激光束辐射下发生电离和消融而形成包围靶芯的高温等离子体。等离子体膨胀向外爆炸的反作用力会产生极大的向心聚爆的压力，在这巨大压力的作用下，氘、氚等离子体被压缩到极高的密度与极高的温度，从而引起氘、氚燃料的核聚变反应。

惯性约束核聚变堆已成为研究最多、发展最快的聚变装置。它利用多路超高功率激光均匀照射（直接或间接）装有氘氚燃料的靶丸，使靶丸的燃料受到约束并迅速压缩到高密度和热核燃烧所需的高温，引发热核爆炸，从而释放出聚变能。该技术不仅在发电等核能利用领域具有重大的经济和社会效益，而且在核爆模拟、效应实验等军事领域以及高温高压实验、天体星球物理研究、激光原子物理前沿研究等方面都具有重要意义[1]。

惯性约束核聚变与磁约束核聚变的不同之处在于：惯性约束核聚变等离子体的密度极高（10^{26} cm^{-3}），约束时间为纳秒（10^{-9} s）量级；而磁约束核聚变等离子体的密度则低得多，仅为 10^{15} cm^{-3} 量级，因此，其约束时间必须长达秒的量级，以满足劳森判据（Lawson criterion）的要求[2]。相比之下，惯性约束更有希望实现受控热核反应。随着高功率激光技术的日臻完善，惯性约束核聚变已成为研究最多、发展最快的聚变装置。美国加利福尼亚州的劳伦斯-利弗莫尔实验室正在建造的世界最大的高功率紫外线激光器，美国的国家点火装置（National Ignition Facility Project，NIF 计划）于近年内实现惯性约束核聚变点火，NIF 结构示意图与工作原理图如图 1.1 所示。我国激光核聚变装置——“神光 III”主机已建成，国家点火装置也已启动。目前中国科学院等离子体物理研究所拥有一个全超导托卡马克装置（即一种磁约束核聚变装置），用于研究等离子体稳态约束实验的可行性，名为先进实验超导托卡马克（experimental advanced superconducting Tokamak，EAST）。除此之外，我国还有一个已建成的聚变装置，名为中国聚变工程实验堆（China fusion engineering test reactor，CFETR），主要用于研究大规模聚变的安全以及稳定的可行性。

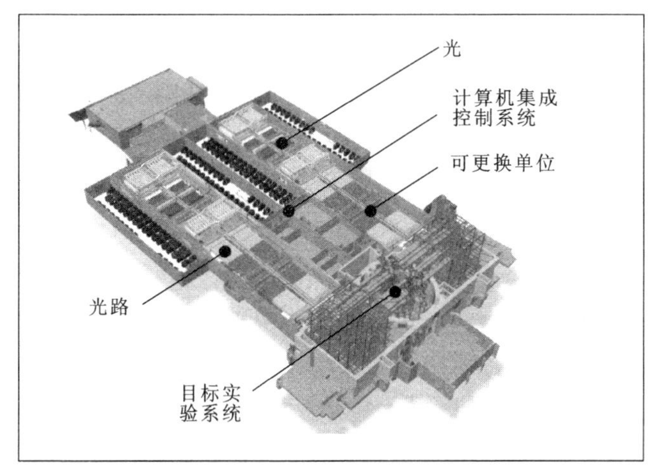

（a）结构示意图

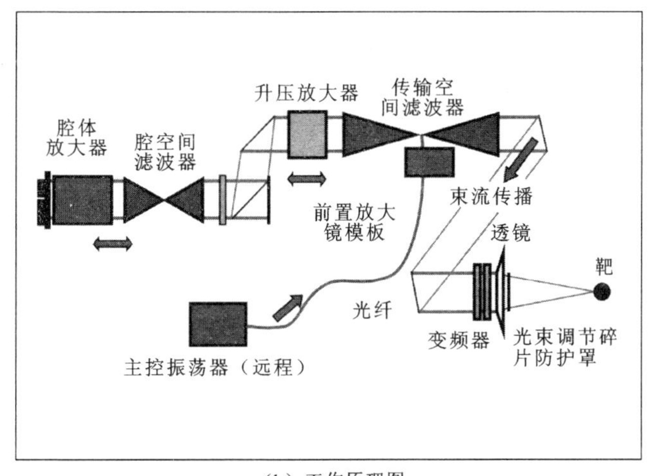

（b）工作原理图

图 1-1 NIF 惯性约束核聚变点火装置图

1.1.2　激光惯性约束核聚变靶丸材料

在激光核聚变研究中，靶丸的设计与制造是极为重要的部分，因为靶丸的结构参数、材料成分及制造精度都直接关系到激光的吸收、激光与靶丸的耦合、聚爆的均匀性与对称性及聚爆效率等。最初，靶丸壁材料经常用金属或合金薄膜，但是由于金属或合金薄膜自身的强度低、内应力大，目前美国国家点火装置的间接驱动靶丸一般为：直径约 2 mm，球壳厚 75～130 μm，内充氘和氚固、液、气燃料的靶丸，球壳由多层烧蚀层组成，如图 1.2 所示。作为 ICF 靶材，它们仍存在一些不足，而金刚石或类金刚石薄膜以其优异的性能，将最有希望成为制备高增益靶丸的材料[3]，其中，近年来硼-碳（B-C）系列薄膜被认为是理想的靶丸材料[4-10]。

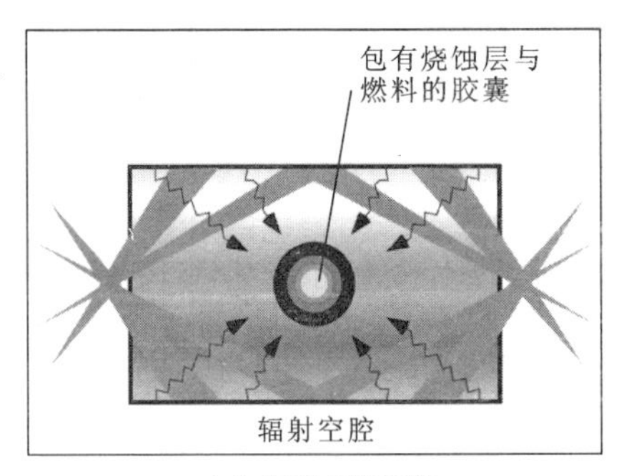

（a）间接式胶囊靶

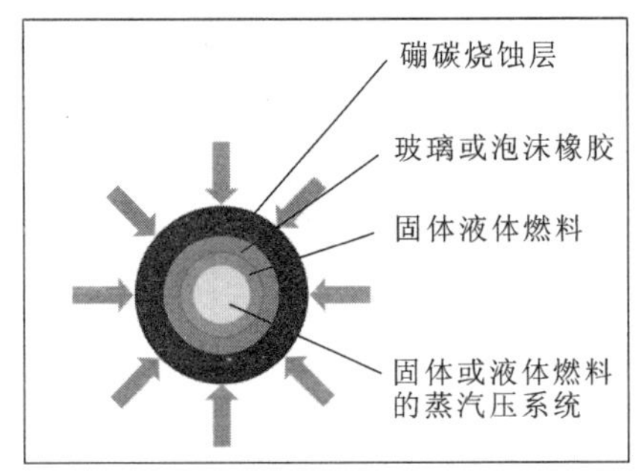

（b）直接式靶丸结构

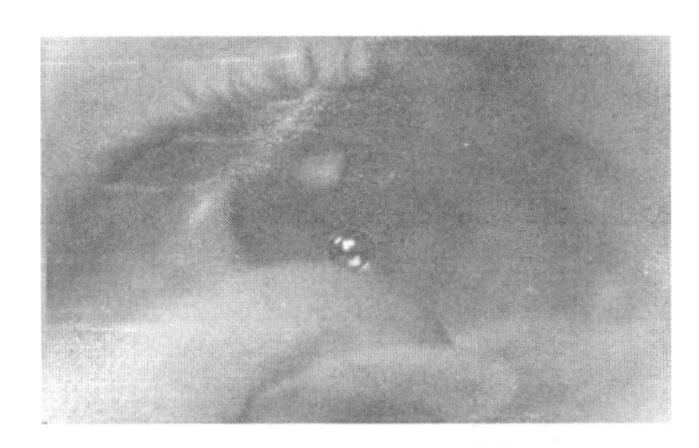

（c）靶丸实物图

图 1.2　惯性约束核聚变用靶丸

ICF 靶丸采用此类薄膜时，有以下优势：①它对 250～300 eV 光子的透过率很低，并且相应的 Z 值小，从而能有效吸收能量，产生高烧蚀率，起到提高烧蚀面稳定性的作用；②相对于其他靶丸壁材料，在同一固定靶丸半径的情况下，此类薄膜的能量总效率高，在给定烧蚀层质量的条件下，它的壳层更薄，能吸收更多的驱动能量，另外其硬度也高，能承受充氘、氚燃料产生的高压；③此类薄膜对紫外至远红外波段的光具有很高的透过率，因此作为 ICF 靶材料时，就可以采用光学技术对靶丸内的氘、氚气体冻结层进行解冻；④此类薄膜具有很高的热导率，这能降低对低温冷冻靶系统的要求[3]。

但是，Jackson 等[11-12]及 Winter[13]发现，聚变中使用的 B-C 薄膜（材料中硼、碳原子比为 4）中的碳原子在热核反应时会影响高温等离子体的流动，从而使热核反应效率降低；而薄膜中的硼元素有助于降低其他元素对热核反应所产生的负面影响。Kodama 等[14-15]也证实了上述观点，并且认为靶丸壁材料中的碳元素会与燃料中的氚作用使燃料中毒。另外，Kodama 等的研究结果还表明，碳元素的存在会对靶丸壁材料吸收快中子与大动能粒子（如氘、氚、氦粒子）的效率起负面作用。

虽然 B-C 薄膜较其他材料而言，具有烧蚀率高、热导率高及硬度高等有利于提高热核反应效率的优点，但 B-C 薄膜中过多的碳原子又会影响等离子体的流动，使燃料中毒并且降低对反应粒子的吸收率。因此，理想的高增益靶丸壁材料应为富硼的 B-C 薄膜。

1.2 B-C 系列材料

B-C 系列材料是一种重要的工程材料，其硬度仅次于金刚石和立方氮化硼（CBN），为 25～45 GPa[16-17]。高温下，其恒定的高温硬度（>30 GPa）要远优于金刚石和立方氮化碳。同时，B-C 系列材料具有硬度高、模量高、耐磨性好、密度小（2.52 g/cm^3）、抗氧化性、耐酸碱性强及中子吸收性能良好等特点，现已被国内外广泛用于工程陶瓷材料、轻质装甲材料、核工业防辐射材料[18-19]、防弹材料、耐磨和自润滑材料、特耐酸碱侵蚀材料、切割研磨工具及原子反应堆控制和屏蔽材料等[20-22]。同时，作为耐高温材料，B-C 材料是一种在高温环境下用于核反应堆的理想等离子体材料[23]。B-C 材料在中子的检测方面也有了越来越多的应用[24]。近几年，碳化硼优异的性能使之成为超硬材料与核工业材料中的重要成员。商业上，常用碳粉和硼酸在 1 750 ℃高温下的电弧炉中发生反应生成 B-C 材料。

1.2.1 B-C 系列材料的晶体结构

目前，对 B-C 材料二元相图的研究很多，但仍有许多细节尚不清楚。迄今为止，共发现了 16 种硼碳化合物，即 $B_{16}C$、$B_{12}C_3$、$B_{12}C_{13}$、$B_{17}C_3$、B_6C、B_7C、B_8C、

$B_{13}C_2$、$B_{13}C$、$B_{12}C$、B_2C_2、B_3C、BC_2、$B_{11}C_4$、$B_{96}C_{12}$、$B_{45}C_2$[20,25-26]。Ruh 指出 B-C 相图中包括富碳的 BC_2 和富硼的 $B_{12}C$ 及具有较宽溶解度的 $B_{13}C_2$ 和 $B_{12}C_3$ 两相区[27]；Elliott[28-29]认为，B-C 相区应存在于从室温一直到熔点（2 450 ℃）的区间，硼的溶解度为 8%。Thevenot[30]研究了整个相区，给出了比较直观的 B-C 相图（图1.3），相图证实 B-C 二元体系存在均相区，碳原子分数为 8.8%～20.0%，相应的分子式为 $B_{10.5}C$～B_4C。

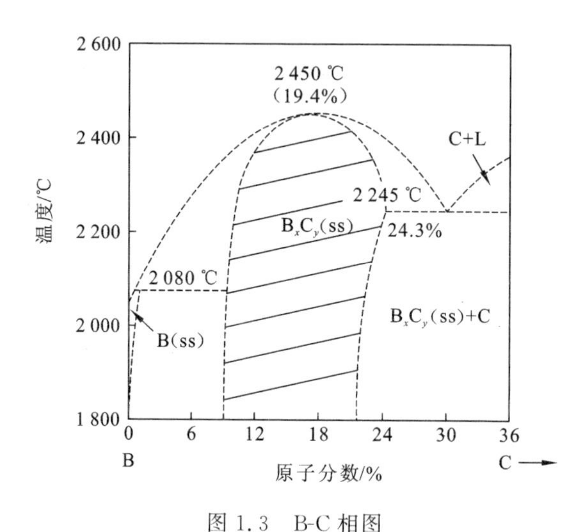

图 1.3　B-C 相图

注：L 表示液相；ss 表示固溶体

B-C 材料的晶体为菱面体结构，晶体属于 D_{3d}^5 R-3m 空间点阵，晶格常数为 a＝5.19 Å（1 Å＝0.1 nm），c＝12.12 Å，α＝66°18′。其菱面体结构可描述为一立方原胞点阵在空间对角线方向上延伸，在每一角上形成相当规则的二十面体（icosahedra）。平行于空间的体对角线，就变成六方晶系中的 c 轴，由 3 个 c 轴原子与相邻的二十面体互相连接组成线性链。因此，单位晶胞包含 12 个二十面体位置，3 个线性链上的位置。如果 B 原子被认为全部位于二十面体，C 原子看成处于线性链上，那么 $B_{12}C_3$ 的化学式即 B_4C。

对于 B-C 材料的晶体结构，13.3%的碳含量（原子分数）在均相区中对晶体结构有重要影响[28]。13.3%的碳含量把均相区分成了两部分：碳含量 20%～13.3%和 13.3%～8.3%，从而可得出如下结论[31-34]：

（1）当碳含量达到 20%时，主要由 C—B—C 链和所连接的—$B_{11}C$ 二十面体组成。

（2）当碳含量逐步降低时，C—B—B 链会取代 C—B—C 链，直到 C—B—C 链耗尽。

(3) 当碳含量降低到8.8%时,硼原子取代碳原子,使—$B_{11}C$二十面体变为—B_{12}二十面体,而且在整个区域内,晶格中存在填隙原子。

这也就是说,在碳化硼均相区内,碳原子含量不同,单位晶胞内原子数也不同。此原子数与碳含量呈线性关系[35]:

$$n=15.47-0.019R_C \tag{1.1}$$

式中:n为单位晶胞内原子数;R_C为碳含量(原子分数)。当碳含量增大时,菱面体单位晶胞内的原子数随之下降。例如,当碳含量为20%时,可得$n=15$,硼原子数为12,碳原子数为3;当碳含量为13.3%时,$n=15.21$,硼原子数为13.18,碳原子数为2.03;当碳含量为8.8%时,$n=15.28$,硼原子数为13.98,碳原子数为1.3。因此根据碳原子分数对碳化硼晶体结构的影响,可建立如下模式[34]:

$R_C=20\%$ ⟶	$R_C=13.3\%$ ⟶	$R_C=8.8\%$
$B_{11.77}(C_{0.23})C(B_{0.23}C_{0.77})C$	$B_{12}(CBC)B_{0.18}C_{0.03}$	$B_{12}(CBC)_{0.65}B_{1.33}$
$n=15$	$n=15.21$	$n=15.28$
$n_B=12$ $n_C=3$	$n_B=13.18$ $n_C=2.03$	$n_B=13.98$ $n_C=1.3$

Donohue[36]对$B_{12}C_3$的晶体结构做出了评价,认为c轴线性链完全由C原子组成,而B原子则全部位于二十面体上。但随着量子化学与测试方法的不断发展,各国学者对碳化硼的晶体结构做出了新的评价。Vast等[37-39]和Krishnam等[40]通过密度泛函理论(density functional theory)计算得出与Donohue相同的结果。但大多数学者通过X射线[41-42]与中子[43-44]衍射实验,认为线性链的组成并不是C—C—C,而应该是C—B—C。而二十面体方面则显示出两种拓扑学上不同的位置:一种为极位(polar),主链上失掉的C原子占据一个极位,极位的三个原子进行平面排列,垂直于环绕着外层原子的线性链,因而这种位置在单位晶胞内发生6次对称操作;另一种不同的二十面体位置是等位(equatorial),它处于菱方晶胞的中间,总数也是6个。整个晶胞结构则由一条C—B—C连接着8个—$B_{11}C$二十面体。

Glaser等[45]对一系列B-C材料(C原子分数为5%~50%)首先做了研究。研究发现,B-C材料的XRD衍射峰峰位随着碳原子分数的增加而向高角度移动,晶格参数增大。Bouchacourt等[26]对B_4C~$B_{10.5}C$材料的热电性能与硼碳原子比之间的关系做了研究,但对材料的制备与成分的控制并没有给出过多的阐述。Emin[46]对不同成分的碳化硼晶格结构做出热力学计算,他认为当硼原子分数增加时,新增的硼原子优先取代晶格中二十面体上的碳原子,使二十面体$B_{11}C$变为

B_{12}。Tallant 利用拉曼光谱(Raman spectrum)对碳化硼的结构做了研究,并得到了与 Emin 相反的结果,Tallant 认为新增的硼原子优先取代的是主链(chain)上的碳原子,使 C—B—C 链变为 C—B—B 链。20 世纪末与 21 世纪初,作为超硬材料,碳化硼被众多学者所研究。大多数学者都认为他们用硼、碳粉末反应合成的 B_xC 中的 x 等于原始混合物中的硼碳原子比,但从 Heian 等[47]报道的 XRD 谱中能够看出,最终反应产物中存在单质碳,其他学者也都得到了类似的结果。由此可见,反应合成的最终产物的物相组成并不那么单纯,有待于更深一步的研究。

总之,碳含量不同,决定了碳硼化合物中原子排序发生变化,特别是碳原子分数在 13.3%时,这类碳化硼材料在均相区内起着重要作用,从而影响碳化硼的性质,使其电导率、热导率和温差电势的曲线都在此点发生转折性变化[30,48]。

1.2.2 B-C 系列材料的研究现状

1. B-C 系列材料的合成

B-C 材料首先由 Joly 在 1883 年成功制备,标记为 B_6C。1934 年,Ridgeway 建议组成为 B_4C,但至今仍有争议[49]。其制备主要采用以下几种方法:①氧化硼与石墨或石油焦反应的碳热还原法[48];②放热镁热还原法,1000~1800 ℃下炭黑和氧化硼转变为碳化硼;③在 1600~1800 ℃,硼酸与乙炔炭黑、1,2-乙基二醇或高纯糖反应法。但通过以上方法制备所得的 B-C 材料的组分单一,材料的硼、碳原子比为 4。鲍崇高等[50]对碳化硅陶瓷中碳化硼-碳纤维联合增强机制进行了相关研究。结果表明,碳化硼颗粒断裂形式以颗粒拔出为主,裂纹扩展路径及能量消耗增大,从而提高了基体的强韧性能。

2. B-C 陶瓷的致密化

虽然 B-C 材料以其优异的性能得到了很广泛的应用,但是由于 B-C 材料的断裂韧性很低、原子间以牢固的共价键连接、原子激活能高、烧结活化能低,因此,获得高密度的烧结体非常困难。魏红康等[51]对碳化硼 SPS 致密化行为进行了相关研究,表明炉温为 1500~1600 ℃时,B_4C 的烧结致密化速率最快,在 1600 ℃保温 13 min 后,试样不再收缩,烧结压力和保温时间的增加有利于 B_4C 制品致密度和力学性能的提高,烧结制品力学性能的提高主要归因于致密度的增加和断裂方式的转变。杨亮亮等[52]对碳化硼陶瓷的烧结及应用做了相关研究。结果表明,碳化硼陶瓷可通过有效添加剂、适当的温度与压力等条件实现致密化烧结,从而提高其综合性能。邬国平等[53]采用液相烧结法制备碳化硼陶瓷，初步对比考察了七组添加剂的助烧效果。结果显示，Al_2O_3、Y_2O_3 及 Al_2O_3-Y_2O_3 三组助剂效果明显，样品致密度可以达到 95.0%～96.2%，显微硬度达到 3080 kgf/mm^2 以上。液相烧结对样品的断裂韧性没有明显的改善作用。袁义鹏等[54]采用有机葡萄糖作为烧结助剂提升碳化硼陶瓷的烧结性能。结果表明，添加 4%葡萄糖为烧结助剂，在 2200 ℃无压烧结碳化硼陶瓷，可以使碳进入碳化硼晶格中，与晶粒间的游离碳一起促进碳化硼晶粒扩散，扩散行为完成时存在于空隙中的碳起到钉扎作用。

从晶体结构来看，B-C 材料具有很强的共价键(高达 93.94%)[55]，远高于其他高温陶瓷材料，而且其塑性很差，晶界移动阻力很大。这决定了 B-C 材料是一种极难烧结的陶瓷材料，即使在接近熔点(2450 ℃)的高温下，也很少有物质迁移发生，烧结体的致密度一般低于 80%[56-57]。

为了获得高致密度的 B-C 烧结体，通常采用热压(温度 2100～2200 ℃，压力 30～40 MPa)或热等静压工艺，通过颗粒的重排和塑性流动、晶界滑移、应变诱导孪晶、蠕变、体扩散与重结晶等物质迁移过程，可获得高于 90%的致密度[58]。

使用添加剂能有效降低 B-C 材料的烧结温度，因为它们可去除 B-C 材料粒子表面的氧化层，从而提高其表面能，还可产生钉扎效应，阻止晶粒的过度生长。添加剂的种类包括金属及非金属单质、金属氧化物、过渡金属碳化物、硼化物、炭黑和有机碳源等，比较常用的添加剂有 Ni[59]、Al[60]、(W，Ti) C_3[61]、AlF_3、Si[62]、TiO_2[63-64]、Al_2O_3[65-66]、SiC、Mg、MgF_2、TiB_2、ZrB_2、Fe_2O_3 等。其中，以碳为烧结添加剂[19]，由于不引入除 C、B 以外的第三元素，与其他加入第三元素添加剂的材料相比，碳化硼的结构和性质没有明显变化，因此受到特别重视。

反应烧结是用均匀混合的粉体作为原料，在烧结过程中组分之间或组分与烧结气氛之间发生化学反应，原位生成新相，以获得预期设计组成的、相均匀分布的材料。反应烧结有以下优点：工艺简单、烧结时间短、烧结温度低、烧结不变形；可以获得清洁新鲜的相界面，细化晶粒，提高组织稳定性；易于控制相的数量和分布，可以制备高纯度的材料。利用反应过程中的化学驱动力及新相颗粒的强化、微裂纹增韧等作用可以提高材料的综合性能。该方法已用于硅、钼反应烧结 $MoSi_2$，硅、碳反应烧结 SiC，硅、氮反应烧结 Si_3N_4 和硅、碳、碳化硅反应烧结 SiC。B-C 材料方面，傅博等用高纯硼粉和石墨粉在高温真空炉中反应烧结，烧结温度为 2100 ℃时，获得了致密度为 92%的 B_4C 材料；Heian 等[47]以硼粉和石墨粉为原料，用场活化燃烧法进行反应烧结，得到了晶粒细小、致密度为 91%～95%的 B_4C 材料。

1.2.3 B-C 系列薄膜的研究现状

随着薄膜制备技术的发展，薄膜已是材料学领域中的一个重要分支，它涉及物理、化学、电子学、冶金学等学科，有着十分广泛的应用，尤其是在国防、通信、航空、航天、电子工业、光学工业等方面有着特殊应用，它已成为材料学中研究最为活跃的领域之一。

因此，少数研究小组均开始进行对 B-C 薄膜的研究。然而，目前 B-C 薄膜的研究还处于初级阶段，主要研究内容为制备工艺与结晶状态、硬度等性能之间的依存关系。苏明甫等[55]使用电子束蒸发法制备了碳化硼薄膜，并对其化学结构进行了研究。结果表明，随着电子束流的增大，薄膜的结构显著变化，正二十面体的结构增多，硼碳原子比由 2.93 变为 3.45，B 的流失减弱，基片温度对碳化硼的化学结构影响不大。张玲等[56]讨论了功率变化对碳化硼薄膜组成结构的影响。结果表明，随射频功率的增大，B 与 C 更易结合形成 B—C 键，B 与 C 的原子比先增大后减小，在 250W 时，硼碳原子比出现了最大值 5.66。由于该材料体系的特殊性和针对轻元素的测试手段与薄膜性能测试的缺乏，所见报道多偏重于对实验结果和数据的归纳总结，而对其成膜机理、成分控制和光电性能都还缺乏了解。

B-C 薄膜的合成方法主要有化学气相沉积(chemical vapor deposition，CVD)、离子束蒸发(ion beam evaporation，IBE)、磁控溅射(magnetron sputtering，MS)和脉冲激光沉积(pulsed laser deposition，PLD)。另外，其他少数研究小组使用了超声速等离子喷涂(supersonic plasma jet，SPJ)、等离子体浸没离子注入(plasma immersion ion implantation，PIII)、离子束注入(ion beam implantation，IBI)、过滤阴极电弧(filtered cathodic vacuum arc，FCVA)、真空等离子溅射(vacuum plasma spraying，VPS)和电磁加速离子溅射(electron-magnetically accelerated plasma spraying，EMAPS)对 B-C 薄膜进行研究[67]。表 1.1 统计了近期国内外研究工作者的报道。

从表 1.1 中可以看出，绝大部分对 B-C 薄膜的研究都是通过物理法进行的。在这些研究中，研究者通过磁控溅射和脉冲激光沉积得到了纯度较高、表面光滑的非晶态 B-C 薄膜。而 PLD 法对靶材的要求比较灵活，工艺制备比 MS 法要方便许多，在高品质 B-C 陶瓷靶材难以获得的提前下，PLD 法更容易实现对薄膜结构的控制。除 PLD 技术具有实验周期短、衬底温度要求低、靶材和基板安装灵活方便等优点外，这主要是因为硼原子和碳原子的溅射率在所有元素中是最低的(约 1.0)，如果采用一般粒子作为激发溅射源，薄膜沉积率不会太高。然而，近几年随着激光器技术的发展,激光能量不断加大,单个光子能量可达 8 eV,使得 PLD 技术能够胜任制备 B-C 薄膜这类共价键成分高、元素溅射率低的薄膜材料的研究任务。由表 1.1 可知,这些薄膜的硼碳原子比只分布在较窄的范围内,这是因为在这两种工艺方法中,薄膜的化学计量比很大程度上取决于溅射靶材的硼碳原子比。但是,正如 1.2.2 节所述,目前对于 B-C 高致密度陶瓷块体的绝大多数研究仅局限于硼碳原子比为 4 的 B_4C,所以在如磁控溅射和脉冲激光沉积这类需要固体靶材的制膜沉积工艺下所获得薄膜的硼碳原子比比较单一。

表 1.1 国内外合成 B-C 薄膜的研究统计

作者	技术方法	晶态	厚度
Csako 等,2006[68]	PLD	纳米晶	厚度不同
Pan 等,2003[69]	PLD	纳米晶	表面光滑 原子杂化
Aoqui 等,2002[70]	PLD	微晶	Max ($R_{B/C}$)=3.42
Szorenyi 等,2004[71]	PLD	纳米晶	$R_{B/C}$=4.6~6.6
Kokai 等,2002[72]	PLD	纳米晶	$R_{B/C}$=1.8~3.2 硬度=14~32 GPa
Sun 等,2004[73]	PLD	纳米晶	$R_{B/C}$=3 硬度=39 GPa 模量=348 GPa
Simon 等,2006[74]	PLD	纳米晶	$R_{B/C}$=1~3
Kokai 等,2001[75]	PLD	非晶	$R_{B/C}$=1.6~3.2
Szorenyi 等,2005[76]	PLD	纳米晶	有液滴的表面
Suda 等,2002[77]	PLD	纳米晶	$R_{B/C}$=~3
Jacobsohn 等,2005[78]	MS	非晶	硬度=18~27 GPa
Jacobsohn 等,2004[79]	MS	非晶	$R_{B/C}$=1~4
Reigada 等,2000[80]	MS	纳米晶	$R_{B/C}$=~4
Pascual 等,1999[81]	MS	纳米晶	$R_{B/C}$=4 硬度=19.5~25 GPa 模量=~300 GPa
Jacobsohn 等,2004[82]	MS	非晶	$R_{B/C}$=4
Jiménez 等,1998[9]	MS	纳米晶	$R_{B/C}$=~4 碳的 sp^3 杂化
Wu 等,2004[83]	MS	纳米晶	$R_{B/C}$=4~5

续表

作者	技术方法	晶态	厚度
Ulrich 等,1998[84]	MS	纳米晶	硬度=74 GPa
Guruz 等,2002[85]	MS	纳米晶	硬度=40 GPa
Han 等,2002[86]	MS	非晶 微晶	硬度=50.4 GPa 模量=~420 GPa
Lee 等,1998[87]	CVD	非晶	$R_{B/C}=3$
Oliveira 等,1997[88]	CVD	多晶	$R_{B/C}=0.3\sim9$
Postel 等,1998[89]	CVD	微晶	硬度=30 GPa
Conde 等,2000[90]	CVD	多晶	$R_{B/C}=4.0\sim9.3$
Jagannadham 等,2009[91]	LPD	非晶 微晶	硬度=40 GPa
Caretti 等,2008[92]	IBE	纳米晶	$R_{B/C}=0.2\sim9.1$ 等位的硼原子被取代
Ronning 等,2002[93]	IBE	非晶	$R_{B/C}=0.1\sim1.0$ 碳的 sp^3 杂化
Chen 等,2000[94]	IBE	微晶	$R_{B/C}=2$ 硬度=43 GPa
Sasaki 等,2004[95]	IBE	非晶 微晶	$R_{B/C}=6.5$ 使用热电装置
Suematsu 等,2002[96]	IBE	微晶	$R_{B/C}=6.5$
Tan 等,2008[97]	FCVA	纳米晶	Csp^3 由 74%减少到 44%
Postel 等,1999[98]	SPJ	纳米晶	$R_{B/C}=2.9\sim4.1$
Kamimura 等,2000[99]	IBI	非晶	300~400 μV/K
Ensinger 等,2007[100]	PIII	非晶	原子杂化

总而言之,近年来针对 B-C 薄膜的研究绝大多数是基于将此类材料视为一种超硬结构材料,材料硼碳原子比在 4 附近,在大范围内对 B-C 薄膜的硼碳原子比与成分控制的相关研究更是鲜有报道。随着 B-C 薄膜角色的转变,如用于热电材料[95-96]和核工业材料等[4-5],对 B-C 薄膜组成控制的研究显得尤为重要。

第2章 富硼B-C陶瓷的制备、结构分析与成分控制

2.1 引 言

在物理沉积法制备薄膜的过程中，薄膜中的化学组成很大程度上取决于靶材的化学组成。原则上，在脉冲激光沉积过程中，入射激光能量密度超过一定的阈值时，靶材中的各组成元素就具有相同的脱出率，在空间具有相同的分布规律，因而能够保证靶材与薄膜成分的一致性。因此，直观地考虑，如果需要得到特定化学组分的富硼 B-C 薄膜，就必须先制备出相应的富硼 B-C陶瓷靶材。另外，在 PLD 技术中，靶材料应满足致密度高于95%、晶粒细小的前提条件。但是，如 1.2.2 小节中介绍的：采用热压制备 B-C 陶瓷，如果材料的致密度高于 90%，则需要高于2 100 ℃的烧结温度，并且材料内晶粒尺寸大于 10 μm；另外，在烧结过程中如果引入烧结助剂，虽然能够起到降低烧结温度并细化晶粒的作用，但是烧结助剂的引入势必会降低材料纯度。因此，在本章中，以单质硼粉与碳粉为原料，采取放电等离子烧结 SPS 技术，快速、低温致密化富硼 B-C 陶瓷，对所得材料进行化学成分控制与结构分析。

2.2 实验与测试

2.2.1 实验原料

原料粉末指标见表 2.1，粉末微观形貌如图 2.1 所示。为了不引入杂质，本实验选择在超净工作台内于玛瑙研钵中手工混料。混料前，用天平准确称量特定原子比($R_{B/C}$=3.0，3.5，4.0，4.5，5.0，5.5，6.0，7.0，8.0，9.0，10.0)的硼粉和碳粉，将准确称量的硼、碳原料粉末转移入玛瑙研钵中，手工混料 4 h，研磨过程中不添加任何添加剂，再将研磨好的原料移入高纯石墨模具中等待烧结。

表 2.1 原料粉末指标

粉末	尺寸/μm	纯度/%	供应商
硼	≤1	99.99	保定市中普瑞托科技有限公司
石墨	大约 15	99.99	上海东洋炭素有限公司

(a) 硼　(b) 碳　(c) 混合粉

图 2.1 原料的 SEM 图

2.2.2 实验设计与工艺过程

实验采用 SPS[也称脉冲电流烧结(pulse electric current sintering，PECS)或等离子活化烧结(plasma activated sintering，PAS)]技术。它是由起源于 20 世纪 60 年代的电火花烧结技术在 80 年代末期经过改良后形成的。这种低温、快速烧结技术是一种远离平衡状态条件的材料制备方法，可以实现材料的低温快速致密化。

SPS技术应用经过特殊电源产生的脉冲电流，优势独特，表现在以下方面：烧结过程中产生的等离子体可以清洁粉体表面，有利于烧结，还可以制备常规手段下不能得到的新材料；通入试样中的脉冲大电流（导体）及表面电流（半导体、绝缘体），会产生焦耳热或局部放电，形成局部高温，有利于扩散与烧结；脉冲大电流形成的电场与磁场，对某些体系的材料具有特殊效应，能够加速物质的扩散与迁移；快速升温与冷却，能够提高生产效率。

当采用SPS技术烧结非导电粉体时，粉体颗粒间的放电、脉冲电磁场及二次电磁场热效应、模具的焦耳热效应和类似于热压烧结机理等多种烧结机制的综合作用，使得高温先进陶瓷材料的快速致密化得以实现，为先进陶瓷的制备提供了一种新途径。

实验使用的是日本住友石炭矿业株式会社制造的放电等离子烧结炉（SPS-1050）。烧结步骤为：将混合均匀的原料粉末装入石墨模具，转移到SPS炉腔，抽真空至6 Pa，调节输出功率，打开加热电源，按设定的升温速度（100 ℃/min）加热试样，升温过程结束后，关闭加热电源并卸掉机械压力，使试样冷却至室温。

在加热过程中，坯体受到垂直于压头表面的机械压力。压头的轴向位移可作为坯体的膨胀-收缩数据，表征坯体的膨胀-收缩过程，反映烧结过程中材料的致密化过程。

2.2.3　测试方法

1. 密度

采用阿基米德排水法测量试样密度。

2. 微观结构

采用场发射扫描电子显微镜（FESEM，型号JEOL 6700F，最高分辨率3 nm，最大放大倍数6.4×10^5倍）和能谱仪（EDS，型号Oxford INCA，空间分辨率3～4 nm）来研究材料的显微结构与微区成分分布。

透射电子显微镜（TEM，型号JEOL JEM2000EX；电子加速电压200 kV）是研究材料微观结构的有效方法。烧结块材从模具中取出后，将试样表面黏附的石墨纸打掉后，用精密机械磨床加工到 3 mm×3 mm×70 μm，挖坑、减薄后，进行分析。

3. 物相定性

实验使用的衍射仪器为荷兰 Panalytical 公司生产的 X'Pert PRO MPD(X-ray detector：X'Celerator)。加速电压为 40 kV，电流为 40 mA，使用 Cu Kα 射线(波长为 1.540 56 Å)。采用 θ-θ 连续扫描方式，步长为 0.02°(2θ)，扫描速度 4 °/min。XRD 分析软件为 MDI 公司研发的 JADE 5.0。

4. 结构精修

实验中 Rietveld 方法所需数据来源于 X 射线衍射仪，X 射线衍射仪为荷兰 Panalytical 公司生产的 X'Pert PRO MPD(X-ray detector：X'Celerator)。加速电压为 40 kV，电流为 40 mA，使用 Cu Kα 射线(波长为 1.540 56 Å)。采用 θ-θ 步进扫描方式，步长为 0.002°(2θ)，步点停留时间为 1 s。Rietveld 精修软件为 MAUD。

5. 化学分析

将制备的样品粉碎至颗粒尺寸小于 300 目(48 μm)后进行化学测试，测试内容为样品中硼碳的原子比($R_{B/C}$)。

6. X 射线光电子能谱分析

为了进一步研究材料中各原子的化学结构，采用 X 射线光电子能谱(XPS)对材料中硼、碳原子 1 s 电子的结合能进行分析。

X 射线光电子能谱分析利用能量较低的 X 射线作为激发源，通过分析样品发射出具有特征能量的电子，达到分析样品化学结构的目的。X 射线光电子能谱分析主要鉴定物质的元素组成及其化学键态，其灵敏度很高。对于超轻元素，是一种很好的分析技术。

XPS 测试实验采用日本岛津 VG ESCA LAB MK II 型 X 射线光电子能谱仪。分析室气压保持优于 10^{-6} Pa，Ar^+ 枪剥蚀样品表面，Ar^+ 束能量为 3000 eV，平均电流密度 70 μA/cm^2，剥蚀 SiO_2 速率 3 nm/min，剥蚀范围 4 mm×4 mm，剥蚀时间 15 min，分析区域直径 0.4 mm。

2.3 B-C 系列陶瓷靶材的烧结致密化

2.3.1 B-C 陶瓷烧结体的致密度分析

图 2.2 为配料中硼碳原子比为 4 时，样品分别在 1300 ℃、1400 ℃、1500 ℃、

1600 ℃、1700 ℃、1800 ℃和1900 ℃下得到的烧结体的密度和致密度数据。由图可见，烧结温度对烧结致密度产生显著影响。当烧结温度达到1700 ℃时烧结体的致密度大于90%；烧结温度达到1900 ℃时，烧结体的致密度大于95%。与常压和热压烧结技术在相同温度下所制备的材料[47,92]相比，本实验采用SPS原位反应烧结使得材料致密度有了显著提高。这是由于在本实验的烧结过程早期，随着温度的升高，新鲜的硼、碳原料粉在SPS强大电磁场的活化作用下，颗粒的表面张力下降，各种形式的物质传质得以实现，如表面流动传质、晶格扩散传质和蒸发-冷凝。在烧结中期，SPS较快的加热速率，使得生成的碳化硼颗粒尺寸较小，以点接触为主，颗粒之间键合和重排，气孔排出变得容易，在后期气孔可以迅速地迁移到颗粒界面上并排出，使致密度迅速提高。

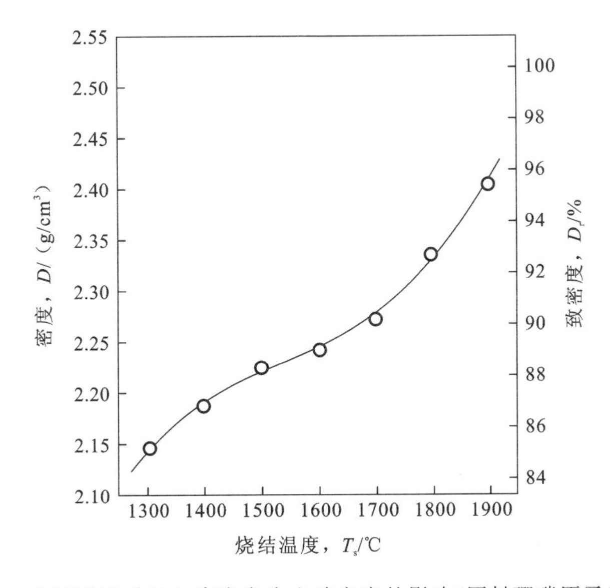

图2.2　烧结温度对B-C陶瓷密度和致密度的影响(原料硼碳原子为4∶1)

2.3.2　B-C陶瓷的物相分析

1. 初步物相分析

图2.3为硼、碳原子比为4的坯体烧结收缩曲线。由图可见，材料在整个烧结过程中发生两次明显的轴向收缩(步骤1和步骤2)，相对应的温度范围分别是1300～1600 ℃ (8～11 min)和1700～1900 ℃(13～17 min)。

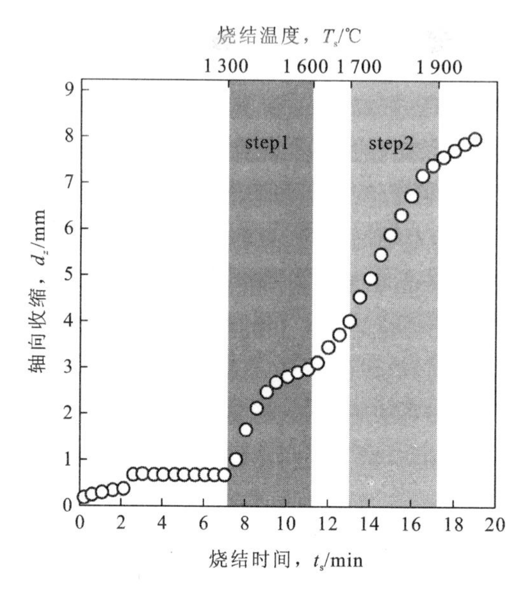

图 2.3　SPS 制备 B_4C 的烧结收缩曲线

图 2.4 为硼碳原子比为 4 时，1300～1900 ℃下烧结所得材料的 XRD 图谱。当烧结温度在 1300～1600 ℃时，C 的(003)峰强逐渐减小，而 B-C 相的(104)峰和

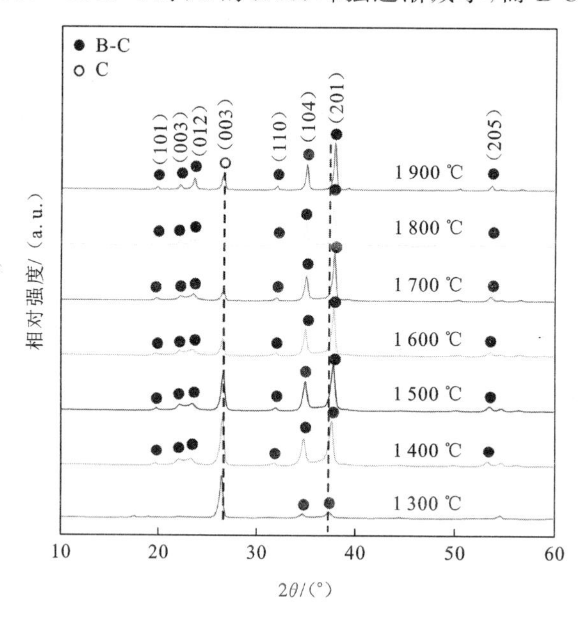

图 2.4　硼碳原子比为 4 时，1300～1900 ℃下烧结所得材料的 XRD 图谱

(201)峰的峰强逐渐增大，峰宽逐渐减小，峰位也随温度的升高偏向高角度，这说明，随着温度升高，碳原子可获得足够的动能跃过势垒，逐渐进入硼晶格，取代硼原子。另外，碳原子的半径(r=0.77 Å)小于硼原子(r=0.82 Å)，导致晶格常数减小，衍射峰向高角度偏移。在烧结其他原子比的材料时，以相同烧结制度加热，相同情况也有发生。当烧结温度在1700～1900 ℃时，碳化硼的衍射峰位没有明显的变化，但半峰宽随着烧结温度的升高而减少。这说明，材料中新生成的颗粒在温度升高时，内部的原子向低势能状态活动，使得晶粒内部缺陷、晶界消失，晶粒发育长大。由此可得，整个烧结过程分为两步：原始粉末在1300～1600 ℃合成碳化硼，致密化过程则发生在1700～1900 ℃。

将由硼、碳原子比为4的原料制备而得的硼碳陶瓷材料粉碎至300目后用X'Pert PRO MPD做12次重复扫描，采用X'Celerator超能探测器模块，将12次扫描图谱复合抵消正负噪声。再将实测图谱与粉末衍射卡片(powder diffraction files，PDF)进行比对，如图2.5所示。低角度时，$B_{12}C_3$[35-0798]与$B_{13}C_2$[71-0099]基本重合，无法准确辨认；高角度时，实测谱图中，66°左右的衍射峰(①内)左右峰尾不对称，左峰尾应该有小的衍射峰卷入，这与$B_{13}C_2$[71-0099]的匹配优于B_4C[35-0798]；在高于80°的区域内，B_4C[35-0798]的标准图谱中是不存在衍射峰的，而实测图谱中却存在着几个明显的衍射峰(②内)，又与$B_{13}C_2$[71-0099]的匹配优于B_4C[35-0798]。以上现象说明：实际的碳化硼陶瓷中的主要物相可能为$B_{13}C_2$，或者由$B_{13}C_2$和B_4C两相共同组成。

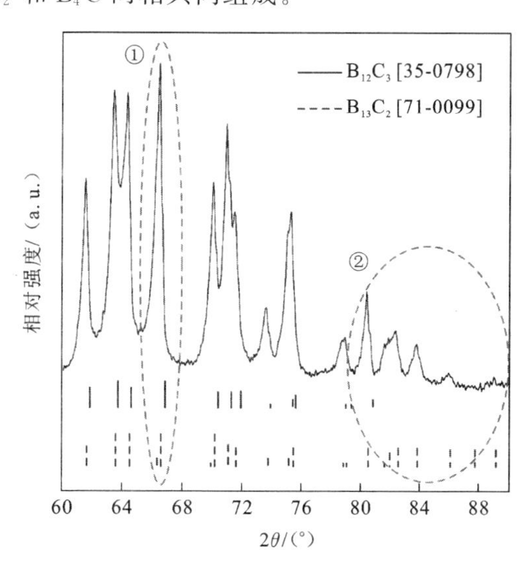

图2.5　材料的XRD实测图谱与B_4C和$B_{13}C_2$ PDF的对比

为了进一步研究碳化硼陶瓷的物相组成，采用近年来在国内外蓬勃发展的晶体结构 Rietveld 分析法。

2. Rietveld 全谱拟合分析

1）Rietveld 方法

Rietveld 全谱拟合分析是一种有效的晶体结构的分析方法。粉末衍射全谱中包含极其丰富的来自衍射体的信息，如晶体的微结构信息等。目前 Rietveld 全谱拟合方法不仅可用于常规的无机材料、矿物、有机材料和生物材料的晶体结构及微观分析，还可以用于薄膜材料的结构分析。Rietveld 全谱拟合方法对材料在高温高压及特殊气氛条件下的结构分析也有着独到之处，为揭示固相反应制备的材料结构与性能的关系或改进制备工艺提供了一种可靠的方法。Rietveld 全谱拟合方法及高分辨 X 射线粉末衍射实验方法的出现与发展，使 X 射线粉末衍射进入一个新阶段，不仅提高了分析结果的质量，并且使晶体结构测定成为可能。18 kW X 射线衍射仪的高分辨 X 射线的提供与阵列探测器的研发成功，加上正确的数据处理方法，使晶体结构分析的结果可以和单晶衍射相媲美，能得到大量的微结构信息。

2）Rietveld 方法的计算

Rietveld 方法与其他全谱拟合方法的区别主要就在于它采用晶体结构依赖的衍射强度计算方法。这样它就能在结构模型的基础上，同时得到各个相的衍射强度及比例关系；对一些影响强度的因素，如择优取向、微吸收等，以一个定期模型进行各相的独立校正，使所得结果更具有物理意义。衍射强度 Y_{ci} 的计算公式为

$$Y_{ci} = S_j \sum_{i,j,k=1} L_k \left| F_k \right|^2 (2\theta_i - 2\theta_k) P_k A_j + Y_{bi} \tag{2.1}$$

式中：求和遍及各已知物相，一般最多可同时修正 8 个相；S_j 为 j 相的标度因子，可用于无标样定理相分析；k 代表 Bragg 衍射的密勒指数（hkl）；L_k 包括 Lorentz 因子、极化因子和多重性因子，其参数值可用于微结构分析，如晶粒尺寸、微应力等；2θ 为衍射角；P_k 为择优取向修正；F_k 为 Bragg 衍射的结构因子；A_j 为 j 相的微吸收校正项；Y_{bi} 为背景强度。这些因子所包括的参数可分为两类：晶体结构参数和峰形参数。晶体结构参数主要反映晶体结构，如原子位置、位置占有率、温度因子、晶胞参数等，可修正的参数可达 180 个。峰形参数主要反映仪器的几何设置和样品的微结构对衍射强度分布的影响，包括半峰宽、衍射峰的非对称因子及混合因子等，Rietveld 计算程序中能修正的参数可通过最小二乘使 M 在最小化的循环过程而不断修正得到[92-93]。

3）Rietveld 方法结果的评价

最终结果的可靠性计算是通过可信度因子，即通常所称的 R 因子而实现的。一般地，R 值越小，拟合越好，晶体结构正确的可能性就越大。

Rietveld 方法中经常用到的判据有 6 个：

$$
\left.\begin{aligned}
R_{\mathrm{F}} &= \frac{\sum |I_O^{1/2} - I_C^{1/2}|}{\sum (I_O)^{1/2}} \\
R_{\mathrm{B}} &= \frac{\sum |I_O - I_C|}{\sum I_O} \\
R_{\mathrm{P}} &= \frac{\sum |y_{iO} - y_{iC}|}{\sum y_{iO}} \\
R_{\mathrm{WP}} &= \left[\frac{\sum w_i (y_{iO} - y_{iC})^2}{\sum w_i y_{iO}^2}\right]^{1/2} \\
S &= \frac{R_{\mathrm{WP}}}{R_{\mathrm{e}}} = \frac{\left[\sum w_i (y_{iO} - y_{iC})^2\right]^{1/2}}{N - P} \\
d &= \frac{\sum_{i=2}^{N} (\Delta y_i/\sigma_i - \Delta y_{i-1}/\sigma_{i-1})^2}{\sum_{i=1}^{N} \Delta y_c/\sigma_i}
\end{aligned}\right\} \quad (2.2)
$$

式中：$\Delta y_i = y_{iO} - y_{iC}$；$w_i$ 为加权因子，一般设 $w_i = 1/y_{iO}$；N 为总的数据点数；P 为修正参数的个数。在这些判据中，R_{F} 和 R_{B} 最能反映结构模型与实验峰形的吻合程度，R_{P} 和 R_{WP} 基本反映了总体计算谱与实验谱的吻合程度。由于实验数据本身存在各种误差，上面这些判据不可能为 0，而存在一个理想值 R_{exp}。S 则反映了 R_{WP} 与理想值 R_{exp} 的接近程度，不难看出其最佳值应为 1。d 值则是一个与所采用峰形函数密切相关的量，其理想值为 2。

一般地，R 值结合 S 和 d 值，能反映晶体结构模型的正确与否。但 R 值受多种因素的影响，特别是数据收集和处理方法，如背景的高低、计数的大小、背景是否纳入修正过程等。

4）实验数据的 Rietveld 全谱拟合以及结构分析结果

用 Rietveld 方法对原料硼碳原子比为 4 烧结所得的样品粉末（磨至 300 目）进行全谱拟合。分别将 B_4C、$B_{13}C_2$ 和 C 这三种相的晶胞参数、原子占位、原子和离子散射因子等参数代入 MAUD 程序进行拟合（程序来源：http://www. ing.

unitn. it/～maud/)，代入的具体初始参数见表 2.2。

表 2.2　各相的初始参数

相	空间群	晶胞参数	原子位置
B_4C	R-3m:H	$a=b=5.62$ Å $c=12.14$ Å	B1(0.166 7,−0.166 7,0.36) B2(0.106,−0.106,0.113) C1(0,0,0.5) C2(0,0,0.385)
$B_{13}C_2$	R-3m:H	$a=b=5.61$ Å $c=12.09$ Å	B1(0.163 1,−0.163 1,0.641 1) B2(0.225 6,−0.225 6,0.780 1) B3(0,0,0.5) C1(0,0,0.617 5)
C	P63/mmc	$a=2.47$ Å $c=6.72$ Å	C1(0,0,0.25) C2(0.333,0.666,0.25)

选用 Pseudo-Voigt 函数描述峰形，精修背景多项式参数、结构参数、温度因子、零点、相因子、择优取向和半峰宽等多个参数。在拟合过程中，每一步进行 10 次循环，再进行下一个参数的精修，然后将所有的精修参数全部归一后，再进行 30 次循环，直到 R_P 和 R_{WP} 值不变化或在某个数值位置振动时，停止精修。全谱拟合分析结果与相关参数如图 2.6 及表 2.3 所示。

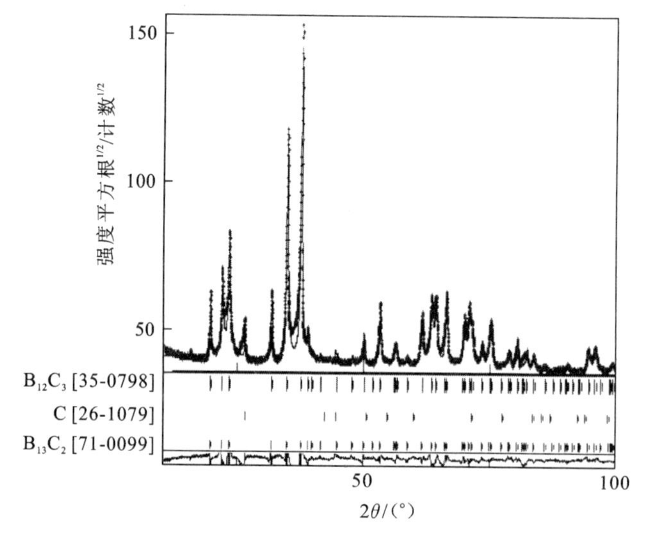

图 2.6　样品的精修结果

表 2.3 样品的精修参数

相	空间群	晶胞参数	原子位置	体积分数(*V*) 质量分数(*W*)
B_4C	R-3m:H	$a=b=5.62$ Å $c=12.14$ Å	B1(0.166 7,−0.166 7,0.36) B2(0.106,−0.106,0.113) C1(0,0,0.5) C2(0,0,0.385)	1.85%(*V*) 1.87%(*W*)
$B_{13}C_2$	R-3m:H	$a=b=5.63$ Å $c=12.13$ Å	B1(0.16,−0.16,0.644) B2(0.223,−0.223,0.785) B3(0,0,0.5) C1(0,0,0.382 3)	97.59%(*V*) 97.62%(*W*)
C	P63/mmc	$a=2.46$ Å $c=6.71$ Å	C1(0,0,0.25) C2(0.333,0.666,0.25)	0.56%(*V*) 0.51%(*W*)

从图 2.6 和表 2.3 可以看出,材料由主相 $B_{13}C_2$ 与少量的 B_4C 与 C 组成。

2.3.3 B-C 陶瓷的显微结构分析

1. 显微组织结构分析

图 2.7 为原料硼碳原子比为 4 时,在不同烧结温度(1300 ℃、1500 ℃、1700 ℃、1900 ℃)制备样品的 SEM 图。烧结温度为 1300 ℃时,材料中大部分颗粒比较松散,还有部分原料粉末存在,原料粉末在 SPS 电场的作用下发生团聚反应。结合 XRD 图谱(图 2.4),此时应是粉末反应的开端;1500 ℃时,大颗粒逐渐生成,颗粒尺寸约为 5 μm,但仍可观察到少量原料粉末存在;当温度上升到 1700 ℃时,原料粉末在样品中只占很少的份额,颗粒发育饱满,但仍有部分微孔存在;1900 ℃时,材料已实现高度致密化,颗粒进一步长大,只有少量孔洞存在于材料中。硼、碳原子序数低和硼碳为相邻元素等因素,导致 SEM 图像中二次电子产额低、亮度与衬度低,从而使得碳化硼晶界不容易观察到,晶粒尺寸暂不能确定,本章后续部分会专门讨论烧结体的微观形貌。

从图 2.8(a)中可以看出,材料的显微结构并非如一些氧化物陶瓷那样有着均一的显微结构并且晶界清晰。在本书中,颗粒尺寸并不均匀,主要由尺寸约为10 μm的大颗粒与亚微米级的细小颗粒组成,颗粒之间界线不明显,小颗粒之间有着汇聚成

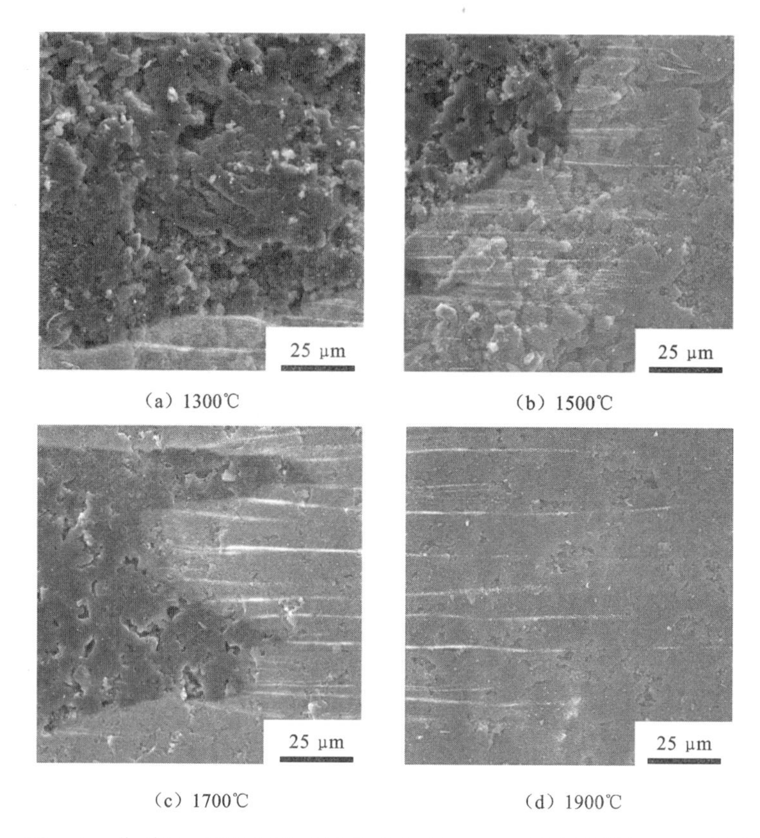

（a）1300℃　（b）1500℃

（c）1700℃　（d）1900℃

图 2.7　分别在不同温度下烧结的 B-C（$R_{B/C}=4$）陶瓷试样的 SEM 照片

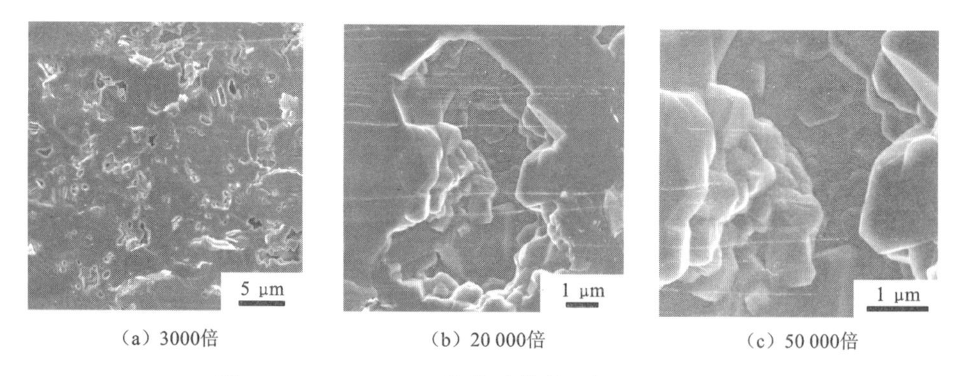

（a）3000倍　（b）20 000倍　（c）50 000倍

图 2.8　B-C（$R_{B/C}=4$）陶瓷试样断口的 FESEM 照片

岛的趋势。为了得到更多的细节，对试样进行更高倍率的放大：图 2.8(b)选择图 2.8(a)中的大颗粒进行 20 000 倍放大，此大颗粒实际上是由多数小颗粒组成的，但是由于作为轻元素的硼（5 号元素）和碳（6 号元素）二次电子的产额是非常低的，且硼、碳在周期表中处于相邻位置，在相同电压下的二次电子发射系数非常接近，而扫描电子显微镜的衬度又由放射电子强度体现，因此在此大颗粒上观察不到明显的颗粒感。相反，在垂直于观察面的部分（图 2.8(a)中右上角），可以清晰地观察到许多小颗粒紧密地堆积，颗粒尺寸在几百纳米，这是由于来自这些颗粒表面的二次电子与电子探测器所成的角度不同，因此二次电子像的衬度增加，可以观察到单个晶粒；图 2.8(c)选择了图 2.8(a)中的小颗粒进行 50 000 倍放大，可以观察到这些颗粒之间出现了非常典型的烧结颈。颗粒之间通过颈部连接完成传质致密化过程，随着温度的升高与烧结时间的延长，参加连接的颗粒增多，最终发育成图 2.8(b)中的团聚大颗粒。

综上所述，在 1900 ℃下，获得了致密度高于 95%、晶粒相对细小的陶瓷块体材料，适合在 PLD 镀膜过程中作为靶材使用。

2. 微区成分分析

从二次电子像中得不到试样的元素分布情况，为了得到试样微观结构上更丰富的信息，在对试样进行 FESEM 观察时还原位进行了 EDS 分析，测试结果如图 2.9 所示。由于硼、碳这两种轻元素已超出了 EDS 的测量极限，所得出的元素含量测定结果只是半定量的。但是，仍然可以做出以下判断：图 2.9(c)中，对试样中的大颗粒进行区域面扫描，在元素积分强度中出现 B 峰与 C 峰[图 2.9(d)]；而在图 2.9(a)中，对小颗粒区域进行扫描，积分强度中只出现 B 峰而未出现 C 峰[图 2.9(b)]。结果表明，大颗粒中碳原子的含量要高于小颗粒中的碳原子含量。从颗粒尺寸与外观上分析，大颗粒的尺寸和形貌和原料中的碳颗粒（图 2.1）相近，结合 XRD 结果（图 2.4）可知，在大颗粒中可能包裹着未反应完全的石墨颗粒。

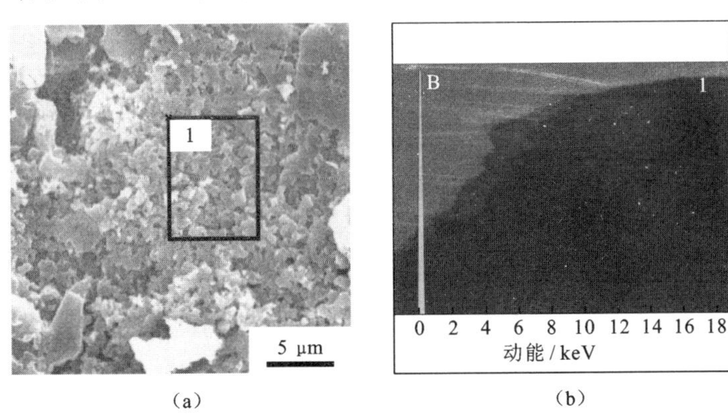

图 2.9　B-C($R_{B/C}$=4)陶瓷试样的 EDS 谱

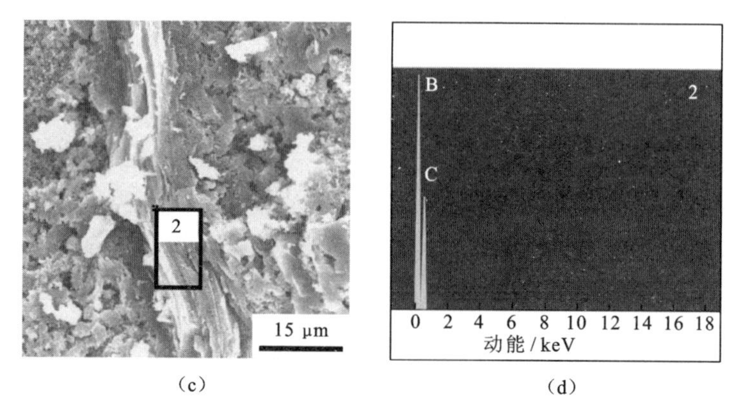

(c)　　　　(d)

图 2.9　B-C($R_{B/C}=4$)陶瓷试样的 EDS 谱(续)

3. 晶粒缺陷分析

将由原料硼碳原子比为 4 所制得的材料进行打磨、挖坑、减薄后，用透射电子显微镜观察显微结构。图 2.10 为材料的明场图像及高分辨电子像。材料中，晶粒尺寸约为 300 nm，晶粒与晶粒之间紧密结合，晶界干净，无晶界相存在。值得注意是，每个晶粒中均存在大量平行的明暗条纹。

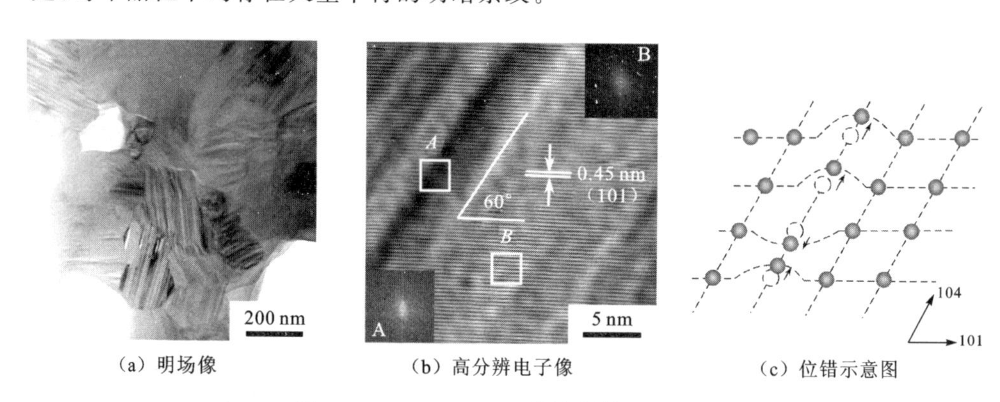

(a) 明场像　　(b) 高分辨电子像　　(c) 位错示意图

图 2.10　B-C($R_{B/C}=4$)陶瓷材料 TEM 图

Heian[47]在制备的硼碳陶瓷中也观察到了类似的明暗条纹，他认为这些条纹是高密度的层错或孪晶，但没有给出充足的实际观测证据；Campbell 等[101]于 1987 年在2100 ℃烧结的碳化硼陶瓷材料中同样发现了条纹，并假设了两种模型进行讨论，他认为在(001)晶面上比较容易产生如层错或孪晶这些面缺陷。Anselmi-Tamburini 等[102]在对碳化硼陶瓷的 XRD 图谱分析中发现衍射峰出现了异常宽化，他以孪晶的密度为自变量对 XRD 图谱进行模拟计算，发现材料中存在大量孪晶，而这些孪晶对 XRD 图谱的贡献正是使衍射峰宽化。Vijay 等[103-104]在碳化硅中也发现了条纹，并对 XRD 图谱进行计算机模拟计算，认为这些条纹是由层错和孪晶这些面缺陷造成的。

图 2.10(b)中，在单个晶粒内部的 A 区域内，晶格像十分模糊，快速傅里叶变换(FFT)花样中衍射斑点强度较弱，同时存在代表非晶相的晕环。B 区域内，FFT 花样斑点明亮，同时可以观察到明显的平整连续的晶格条纹，通过比对 d 值可知，晶粒中条纹排列最明显的一组晶面的 d 值为 0.45 nm，因此该晶面为(101)晶面。由条纹与(101)面的几何关系(60°)可以判断，条纹发生在(104)晶面内，图 2.10(c)为条纹生成的示意图。

2.4　不同配比 B-C 陶瓷靶材的制备与成分控制

2.4.1　不同配比 B-C 陶瓷的物相结构分析

图 2.11 为硼、碳原子比为 3.5、4.0、4.5、5.0、5.5 时 1900 ℃下烧结所得材料的 XRD 图谱，可以观察到在 1900 ℃下反应烧结所得的烧结体中除了含有 B-C 相，还随着原料原子比的不同含有不同量的游离碳。当原料的硼碳原子比达到 4.5

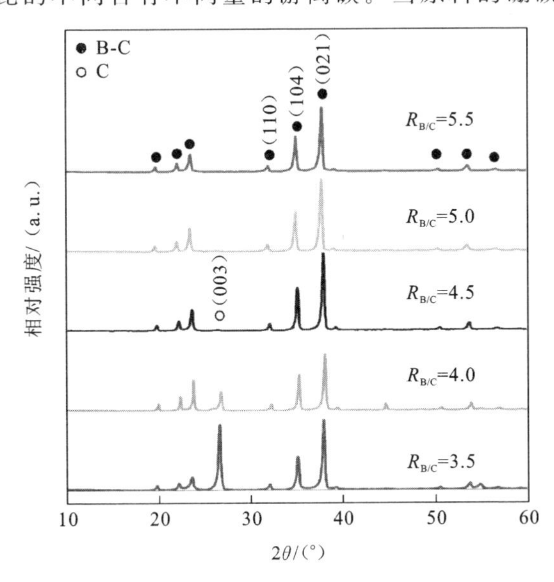

图 2.11　$R_{B/C}$=3.5、4.0、4.5、5.0、5.5 时材料的 XRD 图谱(T_s=1900 ℃)

时，碳的衍射峰基本观察不到了，硼碳原子比进一步提高，XRD 衍射图谱与硼碳原子比为 4.5 时十分相似。

将不同硼碳原子比（$R_{B/C}$＝3.0，3.5，4.0，4.5，5.0，5.5，6.0，7.0，8.0，9.0，10.0）的慢扫 XRD 数据导入 JADE 5.0，经过角度分析校正、平滑、扣背底、去 Kα2、寻峰、录入对应晶系类型及各衍射峰的密勒指数、晶格常数计算和晶格常数精密化等步骤可得到各样品的晶格常数。计算结果如图 2.12 所示，随着硼碳原子比的提高，硼原子逐步取代碳化硼晶格中的碳原子，使晶格发生肿胀，从而使晶格常数增大。

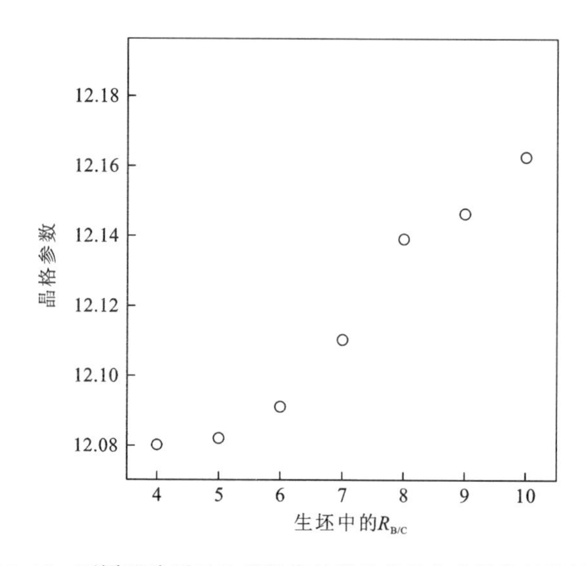

图 2.12　不同硼碳原子比所得烧结样品的晶格参数的计算结果

2.4.2　不同原子比 B-C 陶瓷的显微结构分析

在优化了烧结工艺后，在 1900 ℃下烧结不同原子比（$R_{B/C}$＝3.0，3.5，4.0，4.5，5.0，5.5，6.0，7.0，8.0，9.0，10.0）的 B-C 陶瓷，并对其显微结构进行表征与分析。图 2.13 为坯体中硼碳原子比为 4.0、6.0、8.0、10.0 时，在 1900 ℃下所得烧结体的显微形貌图。从图中可以观察到，随着原料中硼碳原子比的上升，烧结体中的气孔越来越少，晶粒发育得越来越大。而晶粒长大是依靠晶界移动、消耗小晶粒而实现的，晶界移动的驱动力来自界面两侧晶粒存在的自由能差异[99]，表现为

$$\Delta G=\gamma V\left(\frac{1}{r_1}+\frac{1}{r_2}\right) \tag{2.3}$$

式中：γ为表面能；V为分子体积；r_1和r_2分别为两晶粒表面的曲面半径。

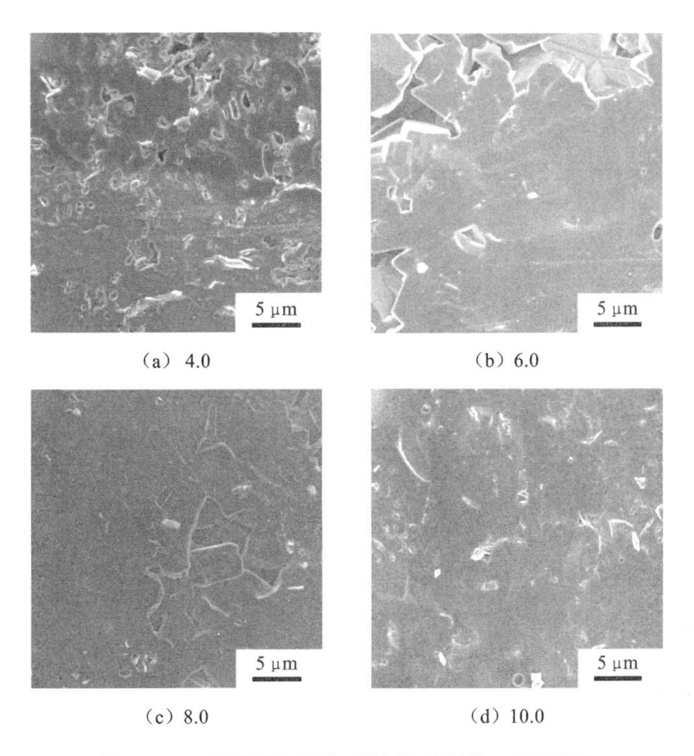

图2.13　不同原子比硼-碳陶瓷试样的SEM照片

在同一体系中，颗粒的尺寸控制着晶界移动的能力。晶粒越小，晶界两端的自由能差异越大，晶界移动的驱动力也越大，晶粒发育速度越快。

另外，从XRD图谱（图2.11）可以看出，在硼碳原子比小于4.0时，材料中还有少量石墨单质存在；当硼碳原子比大于4.5时，石墨单质逐渐被过量的硼消耗完而从材料中消失。从原料的显微形貌（图2.1）中可以观察到，原料中石墨颗粒的尺寸是远大于硼颗粒的，所以材料中石墨单质的量越小，体系的自由能差总和变得越大，从而使得晶粒能够迅速长大。而且，石墨单质的存在会对晶界的移动起到有效的钉扎作用[100]，这有效地抑制了材料晶粒的长大。

2.4.3　B-C 陶瓷的化学组成分析与成分控制

将所有由不同硼碳原子比原料反应烧结制备所得的 B-C 陶瓷粉碎到 300 目后进行化学分析测试，测试内容为硼、碳的原子分数。

对化学分析结果整理后作图，如图 2.14 所示。

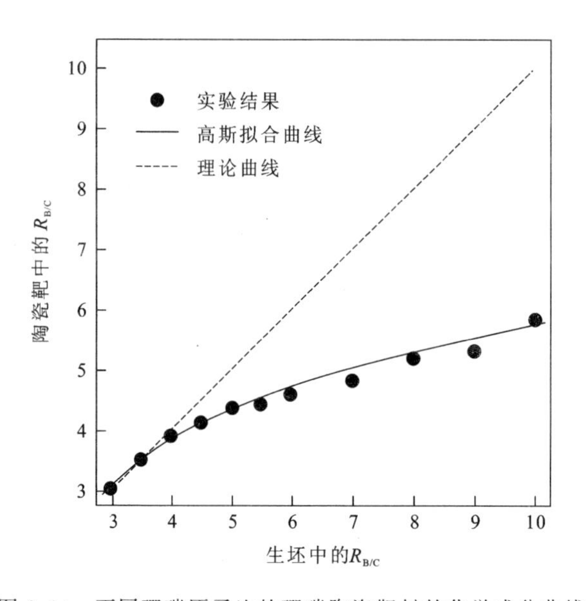

图 2.14　不同硼碳原子比的硼碳陶瓷靶材的化学成分曲线

以高斯函数拟合曲线，曲线方程如下：

$$y=-1.1+7.2e^{-(x-13.6)^2} \tag{2.4}$$

由图 2.14 可以看出，随着原料配料中硼碳原子比的增加，拟合曲线以式(2.4)的形式偏离理论曲线，这表明随着原料配料中硼碳原子比的增加，环境中(高纯石墨模具)的碳原子向烧结样品的扩散也逐步加剧。相反，根据拟合出的经验曲线反推到理论曲线上相应硼碳原子比的点，便可以在一定范围内控制烧结样品中的硼碳原子比。

2.4.4　硼、碳原子的化学结构分析

1. 硼、碳原子的化学环境分析

为了进一步研究材料内原子的化学环境，通过 XPS 对硼、碳原子的 1 s 电子结合能进行测定。

XPS 分析就是利用能量较低的 X 射线作为激发源，通过分析样品发射出来的具有特征能量的电子，达到分析样品化学成分的目的。XPS 分析主要鉴定物质的元素组成及其化学键态，其灵敏度很高，是一种很好的分析技术。周期表中的每一种元素的原子结构互不相同，原子内层能级上电子的结合能是元素特性的反映，具有标识性，可以作为元素分析的“指纹”。XPS 不仅可以对化合物进行定性分析，还可以对化合物进行定量分析。因此，XPS 能确定物质的元素组成、成键状态及各元素的含量。

XPS 测试实验采用日本岛津 VG ESCA LAB MK II 电子能谱仪型 X 射线光电子能谱仪测定碳化硼陶瓷材料内各元素的化学状态。采用固定通过能模式，激发源为 Mg 标准源 Kα 线($h\nu$=1253.6 eV)，靶电压 13.0 kV，靶功率 240 W。在分析条件下银试样上污染碳的 C1s 峰位于 284.6 eV，结合能为 58.70 eV。分析室气压保持优于 10^{-6} Pa，Ar^{+} 枪剥蚀，Ar^{+} 束能量为 3 keV，平均电流密度 70 μA/cm^2，剥蚀 SiO_2 速率 3 nm/min，剥蚀范围 4 mm×4 mm，剥蚀时间 15 min，分析区域直径 0.4 mm。

图 2.15 为将硼碳原子比为 4.0、4.5、5.0 和 6.0 的原料反应烧结制备的硼碳陶瓷靶材的 XPS 图谱分析。左列的 B1s 图谱中可以观察到，随着原料配比中硼碳原子比的升高，B—B 峰所占的份额逐渐升高，B—C 峰则降低；右列的 C1s 图谱中的 C—B 峰和 C—C 峰各自所占的份额都随着原料中硼碳原子比的升高而逐渐降低。此现象从化学环境的角度分析为：当原料中的硼碳原子比提高时，分子中的碳原子逐渐被硼原子取代，此时无论碳化硼晶格主链上还是二十面体上的 B—B 键的份额均有增加，而随着碳原子被取代，晶格主链上和二十面体上的一些 C—B 键和 C—C 键随之消失，C—C 键含量下降。计算各峰的积分强度后得出的碳化硼陶瓷材料中的硼碳原子比与化学分析法所得的结果十分吻合，见表 2.4。图 2.16中峰位为 284.6 eV 的 C—C 峰来自 XPS 仪中不可避免的油扩散泵造成的油污染，计算积分强度时不得纳入；其中的 O 可能来自大气吸附或溅射室残留。

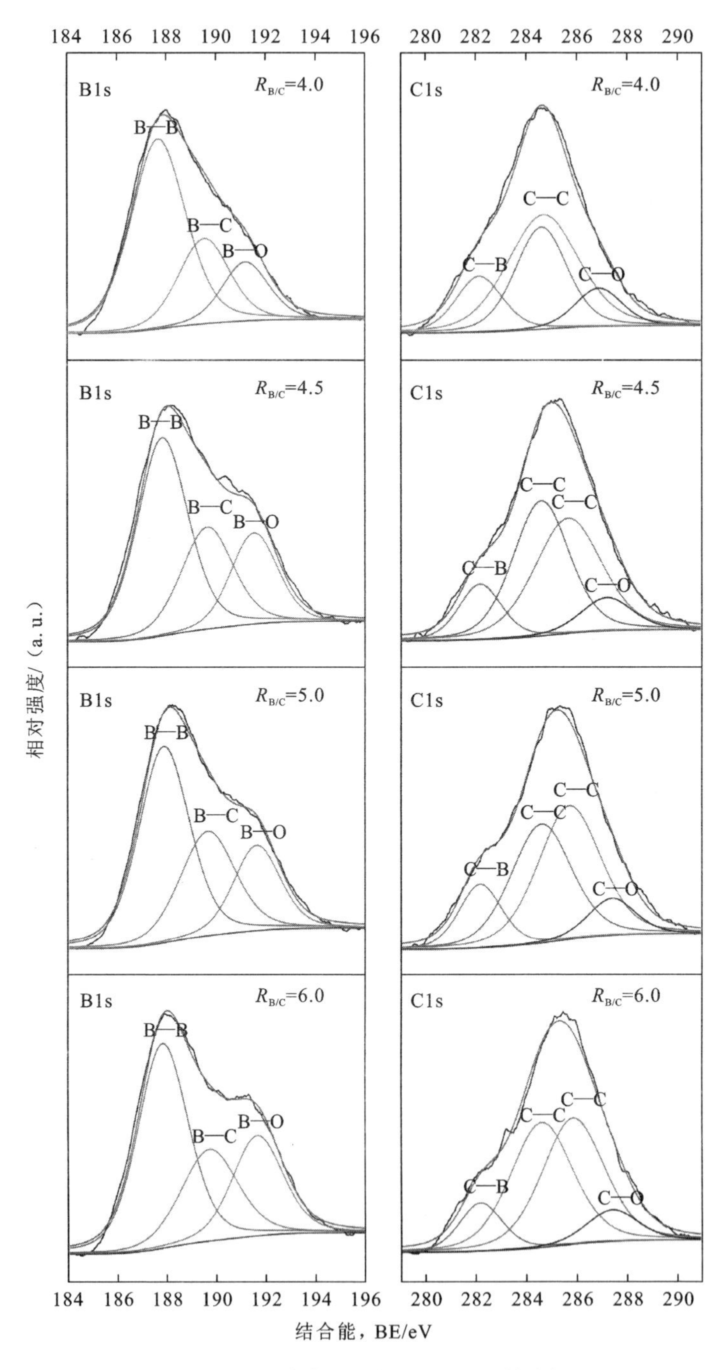

图 2.15　硼碳陶瓷靶材的 XPS 图谱分析

表 2.4　由硼、碳原子比为 4.0、4.5、5.0 和 6.0 的原料反应烧结制备所得材料的 XPS 定量分析结果

原料原子比 $R_{B/C}$	XPS 定量结果 $R_{B/C}$	化学分析结果 $R_{B/C}$
4.00	3.93	3.91
4.50	4.19	4.18
5.00	4.34	4.35
6.00	4.51	4.58

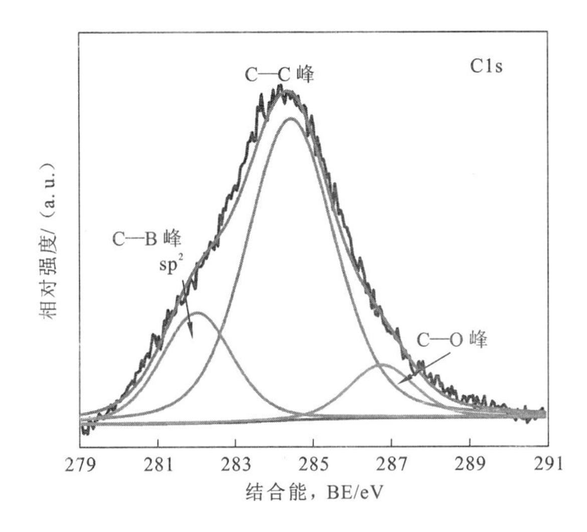

图 2.16　硼碳原子比为 4 的 B-C 陶瓷 XPS C1s 谱的分峰拟合结果

2. 碳原子的化学结构分析

在 2.3.3 小节中，观察材料显微结构时发现硼碳陶瓷晶粒中出现了大量平行的明暗条纹。计算、分析结果表明，这些条纹发生在(104)晶面内，本质为平行的非晶带。下面就利用对材料中碳原子带结构的分析来揭示这些非晶带的产生机制。

图 2.16 中，将硼碳原子比为 4 的 B-C 陶瓷 XPS C1s 谱的分峰拟合后发现，C—B 键基本是由 sp^2 组成的，这就说明碳原子全部在 B—C—B 链上。另外，通过透射电子显微镜的观察可以发现，面缺陷发生在(104)晶面上。图 2.17 为 Emin 模型[44]中的 $B_{13}C_2$ 晶胞与(104)晶面剖面图。由图可以看到，此晶面上排布的全为主链中间的原子。

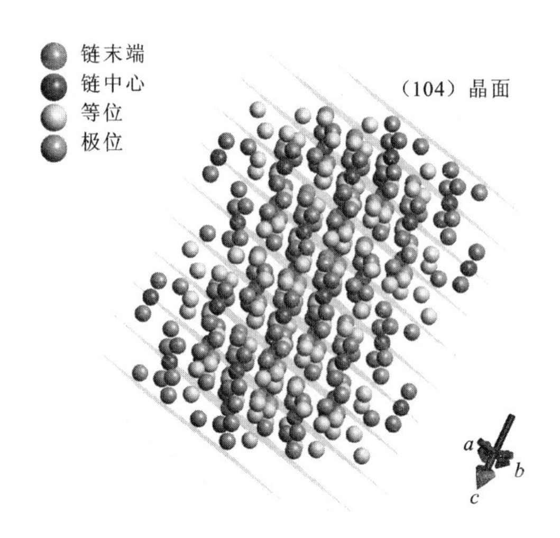

图 2.17　$B_{13}C_2$ 晶胞与(104)晶面剖面图

结合 XRD、TEM 和 XPS 的结果来看,材料中(104)晶面上排布了大量以 sp^2 形式杂化的碳原子。Chen 等[105]和 Yan 等[106]曾报道,碳原子的 sp^2 较 sp^3 弱,在高温和机械剪切力的作用下晶面容易产生滑移。综上所述,SPS 中的高温和机械压力使得材料中(104)晶面产生滑移形成面缺陷,在 TEM 观测中表现为明暗条纹。

第 3 章 采用 B-C 陶瓷靶的富硼 B-C 薄膜脉冲激光沉积

3.1 引 言

随着惯性约束聚变研究的深入，类金刚石薄膜成为最有希望的靶壳烧蚀层材料，而不同成分的富硼 B-C 薄膜便是其中的一种。控制 B-C 薄膜成分能够调节靶壳材料烧蚀率、靶壳表面对 X 射线的吸收率及对紫外到远红外波段光的透过率[2]。近年来，国内外有关 B-C 薄膜的报道中有相当数量的研究均采用 PLD 技术，除 PLD 技术具有实验周期短、衬底温度要求低、靶材和基板安装灵活方便等优点外，还因为硼原子与碳原子的溅射率非常低，采用一般粒子作为激发溅射源，薄膜沉积率也会很低。然而，近几年随着激光器技术的发展，激光能量不断加大，使得 PLD 技术能够胜任制备 B-C 这类高共价键成分、低溅射率薄膜的研究任务。另外，从近年来国内外的报道中发现，采用 PLD 技术制备 B-C 薄膜仍存在局限性：薄膜成分范围较窄，薄膜中的硼碳原子比（$R_{B/C}$）为 1～3。主要是这些研究中采用的 B-C 靶材组成上的单一性所导致的。

因此，在本章中，将以在第 2 章中所获得的特定组分的 B-C 陶瓷为靶材，研究 PLD 技术工艺参数对薄膜表面形貌、厚度、物相的影响，在优化工艺参数后对薄膜的成分进行控制。

3.2 实验与测试

3.2.1 实验原料

如表 3.1 所示，以陶瓷块材（$B_{3.05}C \sim B_{4.85}C$）作为靶材，石英玻璃片为基板，并采用下面的程序进行清洗：

(1) 在 CCl_4 中超声清洗 10 min，然后用去离子水洗净。

(2) 在丙酮中超声清洗 10 min，然后用去离子水洗净。

(3) 在乙醇中超声清洗 10 min，然后用去离子水洗净。

表 3.1 基板与靶材

原材料 / 性能	基材 SiO_2	B-C 靶材 $B_{3.05}C \sim B_{4.85}C$
供应商	武汉迪安	FGM Group
尺寸/mm	18.2×12×1.2	ϕ20×3
$R_{B/C}$	—	3.05～4.85

将清洗好的石英玻璃基板，在 100 ℃的烘箱中烘干后，放入 PLD 真空交换室中备用。

3.2.2 实验设计与工艺过程

1. 脉冲激光沉积技术的特点与应用

脉冲激光沉积是一个复杂的过程。短脉宽脉冲激光射向不透明靶材，引起如下过程：①靶材急剧升温和蒸发；②靶材蒸气对激光产生增强吸收，直至发生电离并形成稠密的等离子体；③后期脉冲激光的吸收使等离子体加热和加速。等离子体中的基本粒子在靶附近的高密度层内碰撞，产生与靶面垂直的高速定向扩展束流，并飞向3～10 cm外的热基板，在衬底上形成非晶、多晶或外延单晶薄膜。

脉冲激光沉积的极端条件和独特的物理过程与其他制膜技术相比，主要有下面一些特点[101-102,107-112]：

(1) 由于等离子体以瞬间爆炸式发射，不存在成分择优蒸发效应，以及等离子体发射沿靶轴向的空间约束效应。只要入射激光能量密度超过一定阈值，靶的各组成元素就具有相同的脱出率，在空间具有相同的分布规律，因此原则上能够保证靶材薄膜成分的一致。

(2) 可以生长与靶材成分一致的多元化合物薄膜，甚至是含有易挥发元素的多元化合物薄膜。

(3) 由于激光能量的高度集中，因此采用PLD蒸发金属、半导体、陶瓷等无机材料有利于解决难熔材料的薄膜沉积问题。

(4) 易于在较低温度(如室温)下原位生长取向一致的织构膜和外延单晶膜。适用于制备高质量的光电、铁电、压电、高温超导等多种功能薄膜。

(5) 能够沉积高质量纳米薄膜。高的粒子动能具有显著增强二维生长和抑制三维生长的作用，可以促进薄膜的生长沿二维方向展开，因而能够获得极薄的连续薄膜。同时，PLD技术中极高的能量和化学活性又有利于提高薄膜质量。

(6) 由于PLD灵活的换靶装置，便于实现多层膜及超晶格薄膜的生长，多层膜的原位沉积便于产生原子级清洁的界面。

(7) 适用范围广。PLD技术设备简单、易控制、效率高、灵活性大，靶结构形态可以多样化，适用于多种材料薄膜的制备。

2. 脉冲激光沉积技术的控制参数

PLD技术的原理虽然简单，控制参数却很多，图3.1列出的是典型PLD设备的主要控制参数。在PLD工艺中，实验控制参数可分为三类：①几何参数，如偏轴、靶与衬底的距离等；②激光参数，如激光能量密度、激光波长、脉冲宽度和频率等；③薄膜生长的工艺参数，如衬底温度、气氛分压等。

目前对PLD控制工艺的选择尚无系统理论性的指导，只能通过反复实验，才能确定最佳参数。通过计算机仿真的方法来优化实验参数也是很有指导意义的，主要的仿真方法有数值分析法和蒙特卡罗模拟方法[113-115]。其中，蒙特卡罗模拟方法是用适当数目的模拟分子代替大量的真实分子，用计算机模拟由气体分子碰撞和运动而引起的动量和能量的输运、交换、产生气动力和气动热的宏观物理过程，从而相比数值分析方法，可以更好地模拟实验的真实情况。

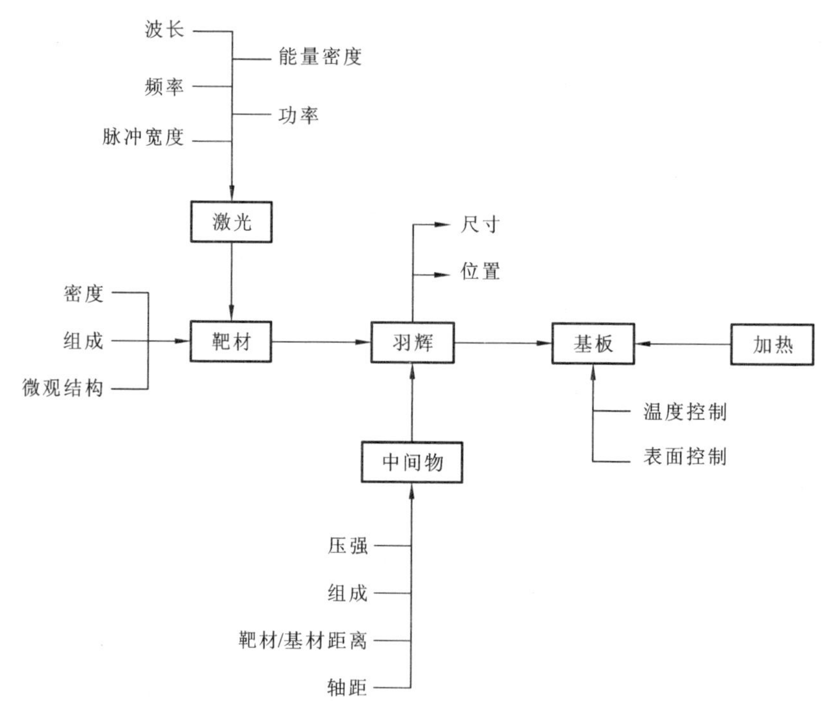

图 3.1　PLD 设备的主要控制参数

3. 实验设备

本实验中所用的 PLD 设备是日本真空设备公司生产的 PLVD-362 型脉冲激光沉积设备，图 3.2 为设备外观图。该设备具有 6 个可以自转和公转的靶，基板可以旋转和加热，操作方便。表 3.2 列出了 PLD 设备的主要技术指标。

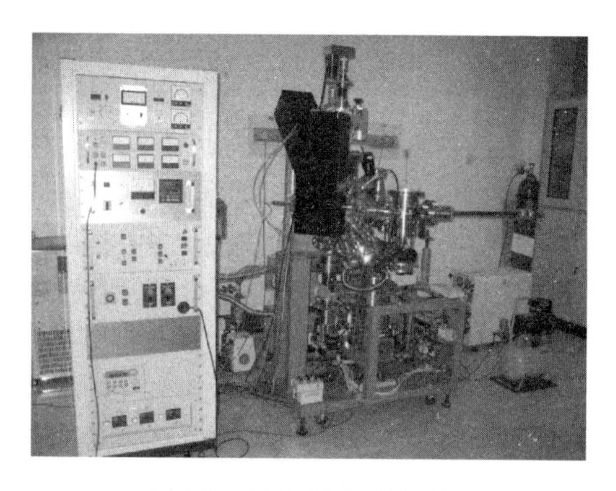

图 3.2　PLD 设备的外观图

表 3.2　PLVD-362 设备的主要技术指标

脉冲激光的特征		真空腔	
激光原子	Nd:YAG	最大沉积真空度/Pa	6.7×10^{-7}
波长/nm	355	最大待机真空度/Pa	8.6×10^{-6}
频率/Hz	10	基板最大温度/℃	600
脉冲宽度/ns	5	基板自转速度/(r/min)	20
最大功率/(mJ/pulse)	200	靶材自转速度/(r/min)	20

PLD 工艺简图如图 3.3 所示。本实验在室温、真空条件下(约 6×10^{-6} Pa)进行,固定轴偏距(D_a)为 0 cm,基板自转速度(r_{sub})为 9 r/min,靶材自转速度(r_{tag})为 9 r/min,沉积时间(T_d)为 25 min,激光频率(f)为 354 nm。改变脉冲激光能量(P_L)和靶-基距(D_{T-S})以优化 PLD 工艺参数。

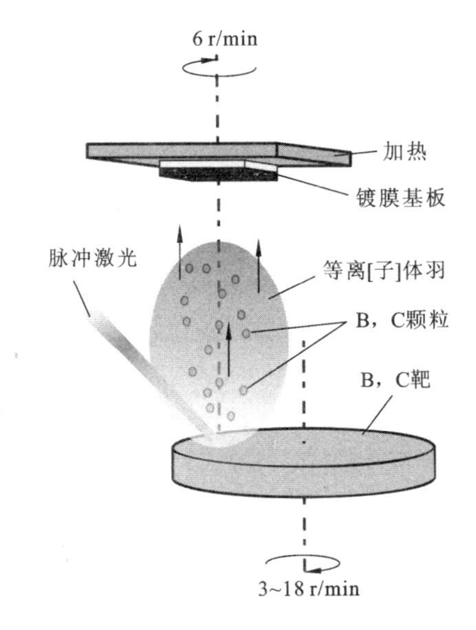

图 3.3　PLD 工艺简图

3.2.3　测试方法

1. 结晶性分析

采用 XRD 来表征薄膜的结晶性,本实验中的 XRD 设备是荷兰 Panalytical 公司生产的 X'Pert PRO MPD(X-ray detector：X'Celerator)。加速电压为 40 kV，电流为 40 mA，采用 Cu Kα 射线，波长为 1.540 56 Å。采用 2θ 单摆小角衍射步进扫描方式，步长为 0.002°(2θ)，步点停留时间为 0.5 s，固定角 1°，2θ 扫描范围是16°～30°，扫描 12 次后，将数据线性叠加。

就 XRD 这一表征方法而言，B-C 薄膜是一种非常特殊的材料。一方面，由于硼、碳原子的溅射率非常低，B-C 薄膜的厚度非常小，即便沉积数小时也只能达到几百纳米的厚度，这样会造成参加衍射的原子数量不足。另外，硼、碳原子为 5 号和 6 号元素，属轻元素，原子核对 X 射线光子的散射能力非常弱。另一方面，某种程度上，XRD 的谱线强度可视为光子作用体积内材料对光子散射的积分。因此，上述原因会造成 B-C 薄膜在进行 X 射线衍射扫描时，谱线强度非常低，如果衍射仪的信噪比(S/N)不高，那么很有可能观测不到薄膜的本征谱线。因此，在本实验中采用小角掠入射表面衍射技术对薄膜进行测试。

所谓掠入射，就是把入射 X 射线以与表面近平行的方式入射，其夹角只有 1°左右。此时，入射束与样品表面的截面很大，增加了参与表面衍射的样品体积；同样，其深入衬底的深度就比较小，可以显著减少参与衬底衍射的衬底体积，从而使表面信号的比例增加。在本实验中，对于 B-C 薄膜，这种方法的采用显得尤为重要。在此基础上，对材料进行 12 次扫描，然后将 12 支谱线强度叠加，这样可以有效地排除随机产生的正、负噪声，得到信噪比更高的测试谱线。

2. 厚度检测

薄膜厚度是薄膜表征中重要参数之一，它影响薄膜与衬底界面的结合状况及结合强度。此外，薄膜厚度(t)还直接表征 P_L 和 $D_{T\text{-}S}$ 等工艺参数对 R_{dep} 的影响程度。

实验中采用台阶仪和扫描电子显微镜观察断口来测定薄膜的厚度。

3. 显微结构分析

为了观察薄膜材料表面及截面形貌，本实验采用日本电子株式会社 JEOL-6700F 型场发射扫描电子显微镜(FESEM)进行形貌观察。

光学显微镜也用来观察薄膜材料表面形貌，采用德国 Leica DM 2500M 光学显微镜。

4. 成分分析

XPS 以特征 X 射线为光源，激发样品芯能级，产生光电子散射，通过检测分析其能量分布，进而识别样品的成分与结构。XPS的光电子非弹性散射平均自由程为5～20 Å，它是一种对表面灵敏的分析手段，非常适合做表面分析，同时利用易于解释的化学位移效应，便于直接研究元素的化学环境。实验中采用日本岛津VG ESCA LAB MK II型X射线光电子能谱仪进行分析，激发源为MgKα（1 253.60 eV）射线。

3.3　富硼B-C薄膜的脉冲激光沉积工艺研究

3.3.1　脉冲激光能量对薄膜沉积质量的影响

为了寻求最佳的工艺参数，先以在第2章中制备出的B_4C陶瓷为靶材，在各种工艺条件下制备B-C薄膜。

1. 结晶性

图3.4为脉冲激光能量P_L＝90 mJ时B-C薄膜的小角掠入射衍射谱线。由于采用X'Celerator超能探测器，在低角度范围内背底会有所抬高。扣除背底后，可以观察到在22°左右有一个衍射峰包，这是典型的非晶态无机物的特征，这表明B-C薄膜为非晶态。其他样品的谱线形态与图3.4极为相似，就不再赘述。绪论中提到的绝大多数B-C薄膜也为非晶态。

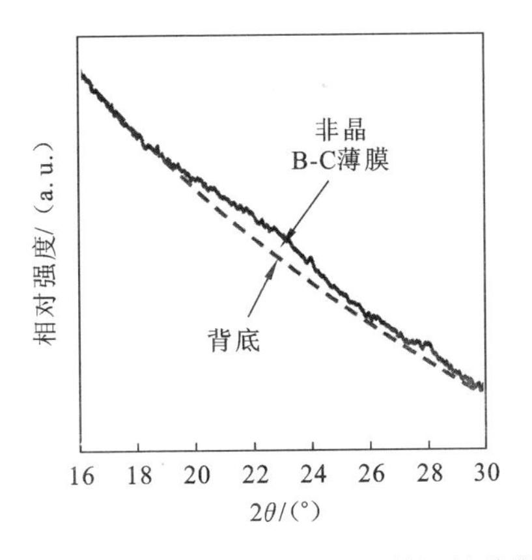

图3.4　B-C薄膜的小角掠入射衍射谱线

这是因为相对于块体材料，在制备薄膜材料时，比较容易获得非晶态结构。薄膜制备方法可以比较容易地造成形成非晶态结构的外界条件，即高的过冷度和低的扩散能力。在薄膜形核率方面，为了降低实验周期，通常会采用较高的沉积率和较低的基板温度，而这两个条件也提高相变过程的过冷度，抑制原子扩散，从而使薄膜形成非晶态。

除了制备条件，材料形成非晶的能力主要取决于材料的化学成分。一般说来，金属元素不容易形成非晶态结构，这是因为金属原子间的键合，即金属键，不存在方向性，所以要抑制金属原子间形成有序排列需要的过冷度也就非常大。合金或化合物形成非晶态结构的倾向明显高于金属，因为化合物的结构一般比较复杂，各原子之间的作用力也非常大。而不同原子之间的相互作用又明显抑制了原子的扩散能力。因此如 B、C、N、Si 这类容易形成强共价键的元素非常容易在制备过程中得到很大的过冷度，从而形成非晶态。本实验中，B-C 材料的价键结构非常复杂，材料的化学键中共价键比例高达 93%，这就使得 B-C 薄膜的晶化非常困难。

2. 薄膜厚度

从 B-C 薄膜的截面显微形貌(图 3.5)可以看出，薄膜厚度约为 500 nm，且厚度均匀，界面清晰，与基板表面结合良好。

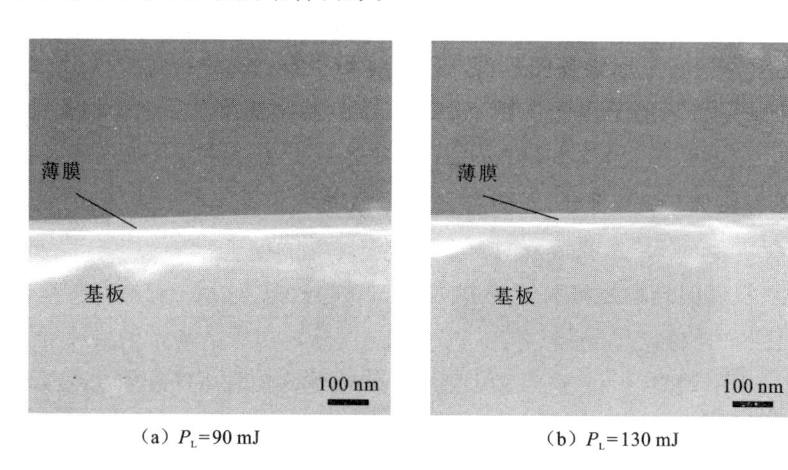

(a) P_L=90 mJ　　(b) P_L=130 mJ

图 3.5　B-C 薄膜截面形貌

表 3.3 为固定其他工艺参数，变化激光能量(P_L)而得到薄膜厚度的台阶仪测试结果。由此结果可以计算出，激光能量分别为 90 mJ、130 mJ 时，沉积速率分别为 0.040 nm/s 和 0.034 nm/s。可以看出，相比于金属材料薄膜的蒸镀，本实验中的 B-C 系列薄膜材料的沉积速率是非常低的。这是因为，如图 3.6 所示，在所有元

素中硼、碳原子的溅射产额最小；溅射粒子能量不大时硼、碳原子的溅射率甚至会小于1。

表 3.3 激光能量为 90 mJ、130 mJ 时，B-C 薄膜的厚度

条件	No.	t/nm	
		P_L=90 mJ	P_L=130 mJ
D_{T-S}=40 mm	1	52.1	49.3
f=10 Hz	2	56.3	46.6
T_{sub}=20 ℃	3	55.7	48.9
靶材 B_4C	4	54.9	50.1
平均值		54.7	48.7

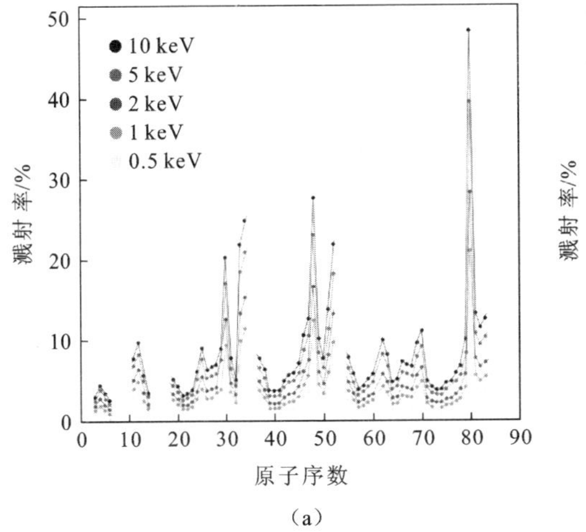

(a)

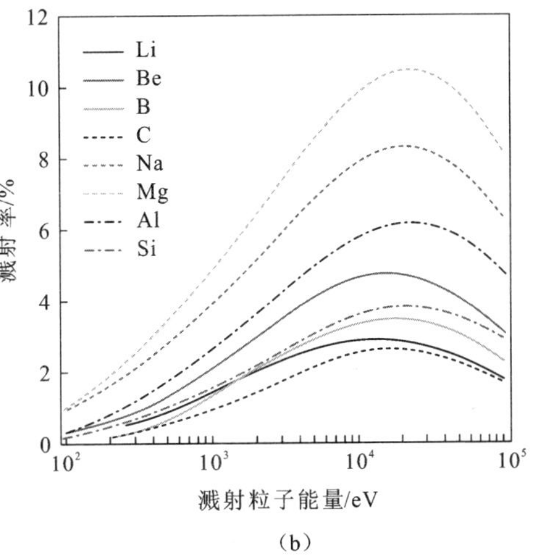

(b)

图 3.6 各元素的溅射率

另外，激光能量为 90 mJ 时的薄膜厚度比激光能量为 130 mJ 时略大。一般来说，在 PLD 过程中，当激光能量大于一定阈值时，能量越大，对靶材的蒸积率就越大。但是，被蒸发出来的粒子在到达基板表面后的行为是复杂的。在镀膜过程中，当气相粒子到达衬底时，就会被表面所吸附。粒子的吸附分为物理吸附和化学吸附两类。其中，物理吸附力有范德瓦耳斯力、电磁力和万有引力。因为电磁力和万有引力都比较小，所以可以认为衬底外来原子的物理吸引力来源于范德瓦耳斯力。通常，所谓的中性原子或者分子，在绝大多数情况下都是理想化的说法。实际上，

通常的原子或分子，在 PLD 过程中由于种种原因会被电离，激光能量越大，被电离的粒子越多。这样，这个带电粒子在到达基板上后很容易碰到同种带电荷的粒子而被弹出基板表面，重新回到真空中。而且，在等离子羽辉的膨胀过程中，激光的能量不断地转化为羽辉中粒子的动能。如果将粒子都看成刚性小球，那么激光能量越大，粒子在到达基板时就越不容易被基板表面捕获，而重新回到真空中。这些粒子重新回到真空中的行为称为二次溅射，如图 3.7 所示。

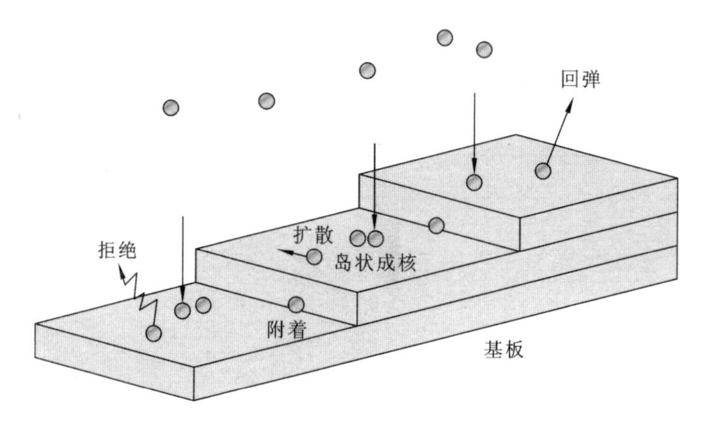

图 3.7　粒子在基板上的二次溅射行为

因此，在本实验中，较大的激光能量导致了薄膜沉积过程中较高的二次溅射率，从而抵消了较大的激光能量带来的较大靶材蒸积率对薄膜厚度的贡献。

3. 薄膜表面形貌

从 P_L＝130 mJ 和 90 mJ 时 B-C 薄膜表面形貌(图 3.8)可以看到，两种薄膜中均不存在明显的、形态规则且密集排布的颗粒。相反，无论在低倍(40 000 倍)、中倍(80 000 倍)还是高倍(120 000 倍)图像下都只能观察到在模糊的背底下零星分布的 10～50 nm 小颗粒。这与本节图 3.4 中的 XRD 测试结果相吻合，结果表明，薄膜为非晶态，小颗粒为刚刚成核的微晶，如图中箭头所指。另外，可以观察到，在激光能量为 130 mJ 时沉积的薄膜小颗粒数量明显要大于 90 mJ 时的结果。

非晶态材料的自由能比晶态材料的高得多，因此它只是一种亚稳结构，在适当条件下必然要发生结构相变而逐步向稳定态过渡。非晶态材料的结构通常不能立即转变成稳定的晶态，特别是非金属材料，材料需要足够的能量去克服非晶态与晶态之间的亚稳态势垒，从而由非晶态转变成晶态。当激光能量增大时，粒子到达基板的能量势必会比激光能量小时大，这样就会有更多原子越过势垒，开始结晶。

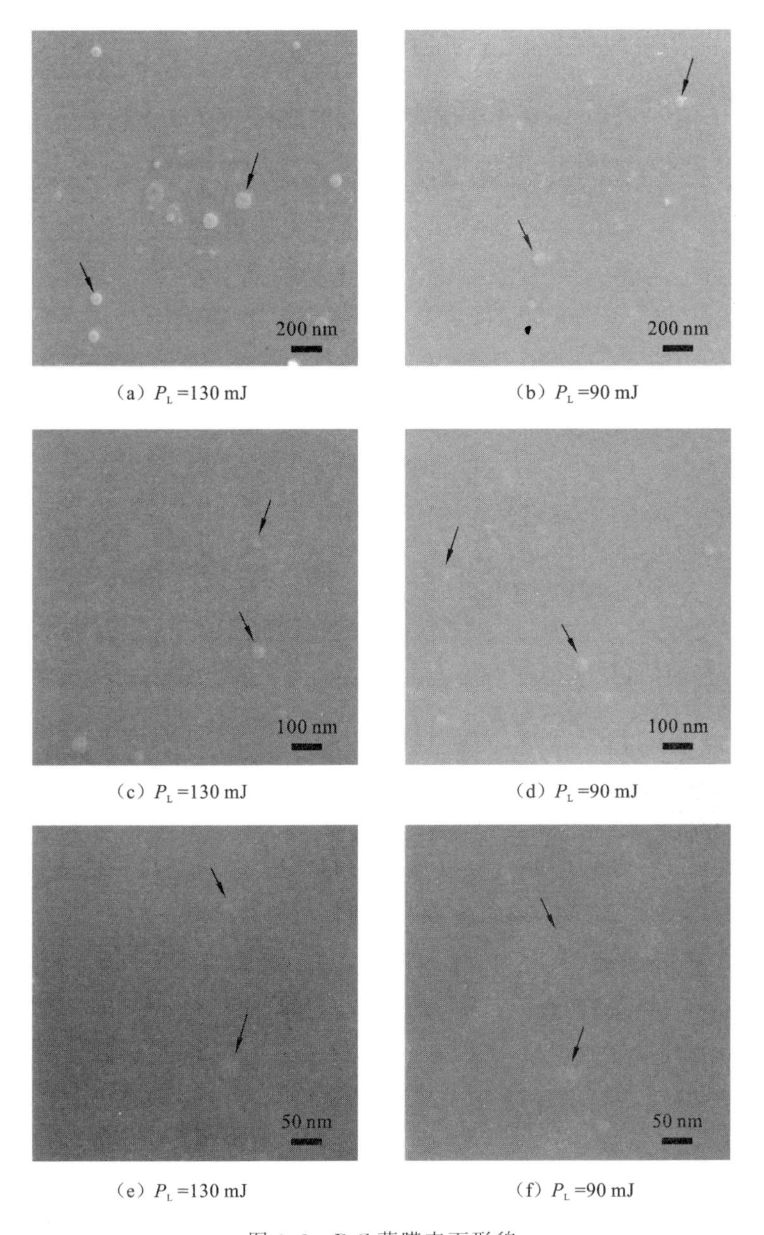

（a）P_L =130 mJ　（b）P_L =90 mJ

（c）P_L =130 mJ　（d）P_L =90 mJ

（e）P_L =130 mJ　（f）P_L =90 mJ

图 3.8　B-C 薄膜表面形貌

激光在烧蚀靶材时，光子将能量传递给靶材表面，使得最上层的靶材原子能够得到足够的能量，从而挣脱化学键逃逸到真空中形成气态。但在距离靶材表面一定厚度时，光子由于在靶材中运进了一定的距离，能量损失了一部分，能量不足以使这部分气化，而只是液化。这些液体在表面原子气化时，由于压力原因也会飞向基板，到达薄膜表面后形成 0.1～10 μm 小类球形颗粒。如果靶材不够致密，晶粒之间结合不紧密，一些烧蚀区附近的固体颗粒会在表面靶材气化时拔出，从而随着等离子羽辉飞向基板，最终“埋”在薄膜中，图 3.9 中的小颗粒就是由上述原因造成的。

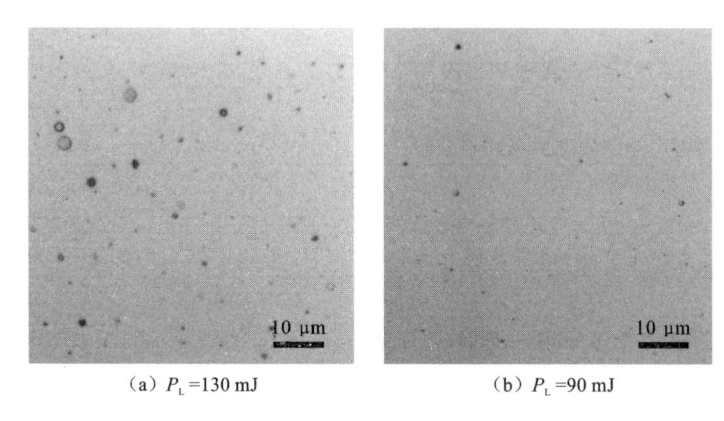

(a) P_L=130 mJ　　(b) P_L=90 mJ

图 3.9　B-C 薄膜表面光学显微镜图像

另外，从图 3.9 中可以观察到，在激光能量为 130 mJ 时薄膜小颗粒沉积的数量大于在 90 mJ 下沉积的数量。激光能量增加时，被烧蚀靶材的体积就会增大，靶材气化时拔出的固体颗也就变多；激光能量越大，液相区的体积也越大，越多的液滴会随着羽辉飞向基板。Aoqui 等[70]在用 PLD 法制备 B-C 薄膜时也得到了类似结果。

微晶颗粒的尺寸加大和大量固液颗粒的引入，使得在激光能量为 130 mJ 时沉积的 B-C 薄膜的粗糙度要大于在 90 mJ 的条件下获得的薄膜。原子力显微镜(AFM)的观测结果也证实了这一点。AFM 结果显示，前者的表面粗糙度(Ra)为 22 nm，而后者为 4.2 nm。

3.3.2 靶-基距对薄膜沉积质量的影响

如 3.3.1 小节中所述，B-C 薄膜的 XRD 强度积分非常小，谱线信号弱且非晶峰包形状极其相似，故在本小节中不再讨论薄膜的结晶性。

1. 薄膜厚度

图 3.10 为靶-基距 $D_{T\text{-}S}$=40 mm 和 50 mm 时 B-C 薄膜的截面形貌，薄膜厚度约为 500 nm，且厚度均匀，界面清晰，与基板表面结合良好。表 3.4 为固定其他工

艺参数，只改变 $D_{T\text{-}S}$ 而得到的薄膜材料厚度台阶仪测试结果。由此结果可以计算出，$D_{T\text{-}S}$ 为 40 mm 和 50 mm 时，沉积速率分别为 0.038 nm/s 和 0.034 nm/s。显然，$D_{T\text{-}S}$ 较小时薄膜的沉积率要稍大一些，这是因为 $D_{T\text{-}S}$ 较小时，被烧蚀出的等离子羽辉能量主要体现为各基本粒子的内能，粒子的动能较小，在到达基板时比较容易被薄膜表面捕捉。另外，$D_{T\text{-}S}$ 较小时，粒子的飞行时间较短，与设备腔体中残余气体分子的碰撞概率就会减小，大部分会一直保持垂直于靶平面的方向飞行；相反，$D_{T\text{-}S}$ 较小时，等离子羽辉的能量主要体现为各基本粒子的动能，粒子在到达基板时比较容易发生弹性碰撞，从而产生二次溅射逃逸出薄膜表面。较大的 $D_{T\text{-}S}$ 也会导致垂直于靶平面飞行的粒子与残余气体分子发生碰撞的机会增加，偏离法线方向，无法到达薄膜表面。

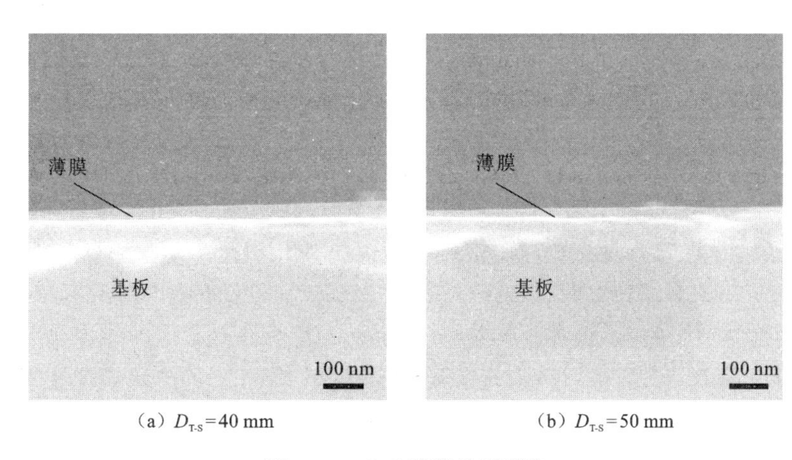

(a) $D_{T\text{-}S}$=40 mm　　(b) $D_{T\text{-}S}$=50 mm

图 3.10　B-C 薄膜截面形貌

表 3.4　$D_{T\text{-}S}$ 为 40 mm 和 50 mm 时 B-C 薄膜的厚度

条件	No.	t/nm	
		$D_{T\text{-}S}$=40 mm	$D_{T\text{-}S}$=50 mm
P_L=90 mJ	1	52.1	48.0
f=10 Hz	2	56.3	48.6
T_{sub}=20 ℃	3	55.7	48.9
靶材 B_4C	4	54.9	50.1
平均值		54.7	48.9

2. 薄膜表面形貌

图 3.11 中比较了靶-基距分别为 40 mm、50 mm 时，B-C 薄膜的表面形貌，两种薄膜均显示为非晶态。靶-基距为 50 mm 时，薄膜表面纳米微晶颗粒的密度要

大于靶-基距为 40 mm 时。这是因为靶-基距加大时，等离子体的融热膨胀使得粒子具有更大的动能，可以越过非晶态的亚稳定势垒，从而运动到格点，所以薄膜中有更多的晶态颗粒出现。

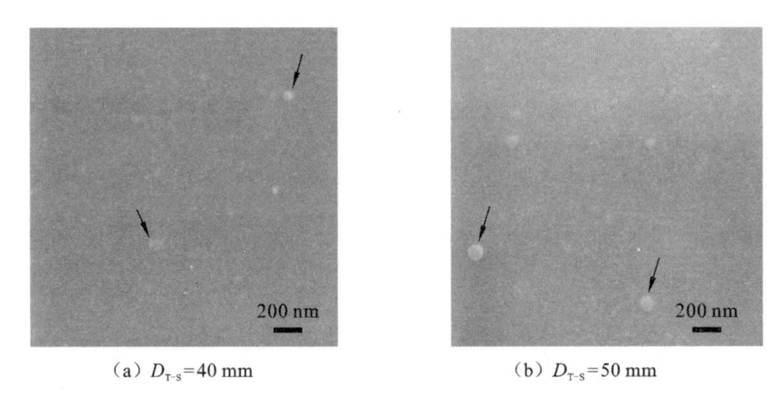

（a）D_{T-S}=40 mm （b）D_{T-S}=50 mm

图 3.11 B-C 薄膜表面形貌

图 3.12 为靶-基距为 40 mm、50 mm 时，B-C 薄膜的光学显微镜图像，从图中可以观察到，前者的薄膜小颗粒密度要略大于后者的。如 3.3.1 小节所述，等离子体中不但含有原子、离子、团簇，还含有尺寸为 0.1～10 μm 的小液滴和固体颗粒。跟原子级别的粒子相比，这些小颗粒所受的重力都不得不考虑。所以当激光能量不变而靶-基距增大时，那些体积大的固、液颗粒在轴向上所受到的加速度与重力加速度相当，无法完成靶-基距这段位移，从而无法到达基板。

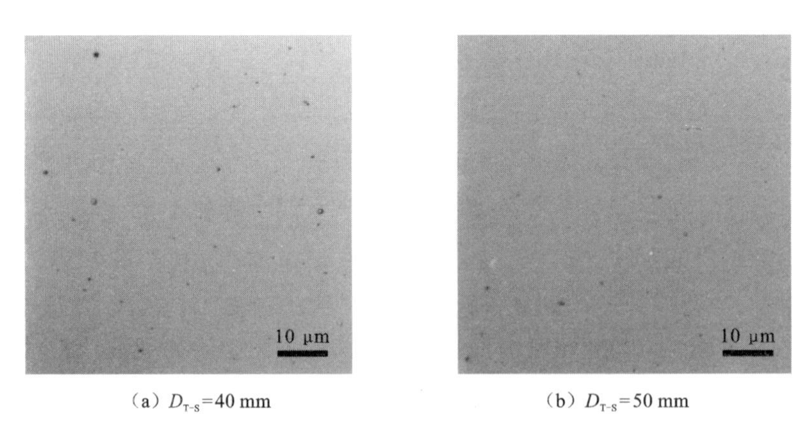

（a）D_{T-S}=40 mm （b）D_{T-S}=50 mm

图 3.12 B-C 薄膜表面光学显微镜图像

根据靶-基距为 40 mm、50 mm 条件下制备的 B-C 薄膜材料 AFM 观测结果可得出两者的表面粗糙度(Ra),分别为4.2 nm和4.0 nm,差异不大。这是因为增大靶-基距可以略微减小薄膜表面固、液颗粒的数量,但会增加材料中的纳米微晶颗粒数量。

由本节对脉冲激光沉积工艺参数的研究可知,在激光能量为90 mJ、靶基距为40 mm时,可以得到沉积速率较小、表面粗糙度较小的B-C薄膜。

3.4　B-C薄膜的成分研究

3.4.1　B-C薄膜的化学组成分析与成分控制

本节中,对B-C薄膜进行XPS定量分析测试。如图3.13所示,B-C薄膜的原子比($R_{B/C}$)为2.9～4.5。另外,薄膜中的硼、碳原子比与对应的靶材的硼、碳原子比相比有所下降。Aoqui等[70]、Kokai等[72,75]、Sun等[73]、Simon等[74]和Suda等[77]的报道中都出现相同情况。

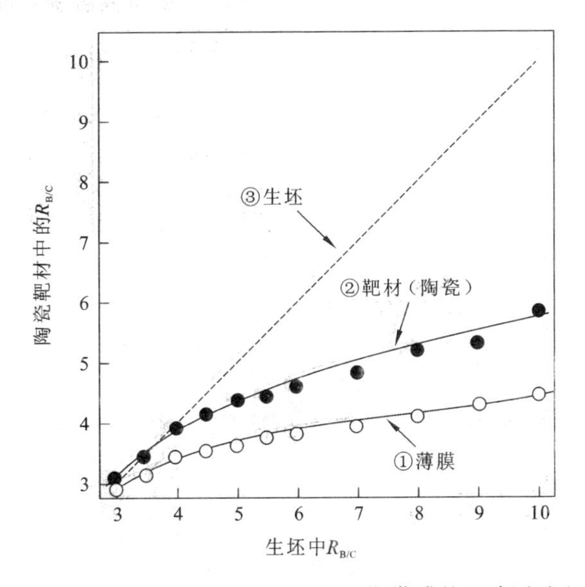

图3.13　由不同硼碳原子比靶材沉积薄膜的硼碳原子比

理论上,在PLD过程中,只要入射激光能量超过一定阈值,靶材中各组成元素便具有相同的脱出率,在空间具有相同的分布规律,从而保证靶材薄膜成分一致。但实际测试结果往往会出现薄膜成分的偏析。Singh等[116]在研究Yi-Ba-Cu-O体系薄膜 PLD 沉积过程中的成分偏析时指出，理想状态下，如果实验条件不变，等离子体中的粒子到达基板时速度与粒子质量的平方根成反比，即

$$\frac{v_w}{v_l}=k\sqrt{\frac{m_l}{m_w}} \tag{3.1}$$

式中：v_w、v_l、m_w 和 m_l 分别为重、轻粒子的速度和质量。

Yi-Ba-Cu-O 体系中 Cu 粒子的速度为 Ba 粒子的 1.36 倍，但如果按照式(3.1)计算，这个比值应该为 1.6。Sankur 等[117]在研究 ZrO_2 靶材的烧蚀行为时发现，理论值为 2.76，而测试值却为 1.35。Singh 等[116]认为其中的差异是由不同组分粒子之间的相互作用造成的。这样看来，轻、重粒子在到达基板时的动能是存在差异的，这种差异是由不同基本粒子之间的相互作用造成的，并造成薄膜中的成分偏析。

综上所述，通过溅射靶材所得的薄膜中的化学组成并不像理论所述的与靶材中的化学组成一致，而是存在一定的偏析。不同靶材产生的偏析是不同的，现在还得不到一个统一的理论去解释和预测。因此，想要精确控制 B-C 薄膜中的硼碳原子比，只能通过多次实验得到一组经验数据，如图 3.13 中曲线①所示，再根据经验曲线上的点反推相应化学成分的靶材，从而选择正确的靶材，这样便可以在一定范围内精确控制薄膜样品中的硼碳原子比。

3.4.2 硼、碳原子的化学结构研究

根据 Jiménez 对 B-C 化合物中 C—B 键的研究[9]，C—B 键按照杂化方式可以分为两类：C—B—C 链上与硼原子结合的碳原子为 sp^2 杂化，对应的 XPS 的结合能为 281.8 eV；二十面体上与硼原子结合的碳原子为 sp^3 杂化，对应的 XPS 的结合能为 283.7 eV。因此，对材料 C1s XPS 图谱中的 C—B 结合能做进一步分析，如图 3.14 所示，由于篇幅关系，这里只给出 $B_{4.5}C$ 和 $B_{2.9}C$ 的 XPS 拟合图谱。从图中可以看到，薄膜中碳原子绝大部分以 sp^3 形式杂化，只有当薄膜材料中含有相对较多的碳原子时，如 $B_{2.9}C$，才会出现少量的 sp^2 杂化形式。这与 Emin 的观点[46]相符合，在碳原子进入硼体系的过程中，碳原子优先以 sp^3 杂化形式与硼原子结合。

本章以第 2 章制备的 B-C 陶瓷为靶材，对 PLD 工艺参数进行优化，沉积了厚度均匀、表面平整的非晶态富硼 B-C 薄膜；硼、碳原子的溅射率低导致 B-C 薄膜的沉积率也较低。但是，较小的 P_L 与较小的 $D_{T\text{-}S}$ 都会使沉积过程中的二次溅射率下降，有利于获得较大的薄膜沉积率；较大的 P_L 与较大的 $D_{T\text{-}S}$ 会使羽辉中的基本粒子在到达基板时具有较大的动能，从而越过非晶亚稳势垒，使薄膜中生长出纳米微

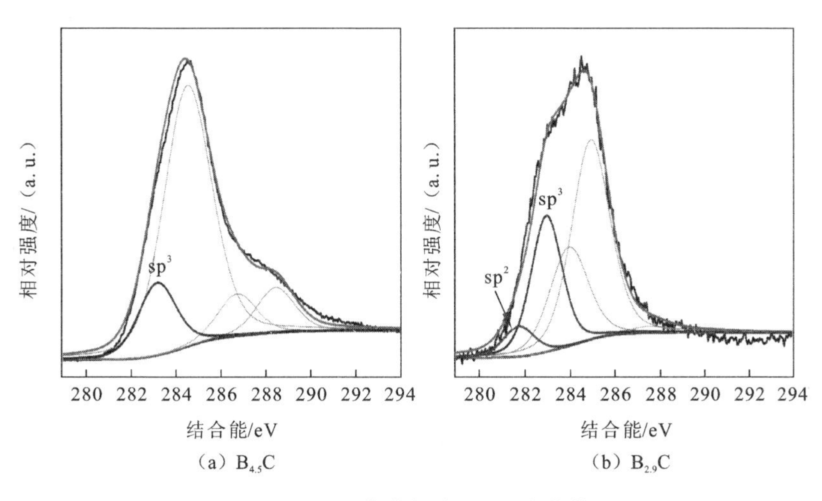

图 3.14　B-C 薄膜中碳原子比杂化情况

晶颗粒，导致薄膜的表面粗糙度上升；较大的 P_L 和较小的 $D_{T\text{-}S}$ 会使得薄膜表面小滴液的数目增加，导致薄膜的表面粗糙度上升。B-C 薄膜的硼碳原子比在 2.9～4.5 可精确控制原子比，薄膜中的 $R_{B/C}$ 相对于靶材中的 $R_{B/C}$ 又有进一步降低。薄膜中的碳原子基本以 sp^3 的形式与硼原子杂化结合。

第4章 采用B-C拼合靶的富硼B-C薄膜脉冲激光沉积

4.1 引　言

在第2章和第3章中，按照传统的思路与工艺流程先后制备了成分可控的B-C陶瓷靶材与B-C薄膜。虽然控制了薄膜中的硼碳原子比，但整个工艺过程中需要先后进行两个系列的实验，获得相应的两组经验数据，这使得整个工艺过程比较烦琐，实验周期也较长。另外，在烧结B-C靶材的过程中，石墨模具中的碳原子向靶材中扩散，造成靶材中成分偏析，使得靶材中的硼碳原子比小于坯体中的硼碳原子比；在以B-C陶瓷靶材为硼、碳源的脉冲激光沉积过程中，等离子体羽辉中的硼、碳粒子相互作用，使得硼、碳粒子具有不同的动能，从而造成薄膜中的成分偏析，薄膜中的硼碳原子比小于靶材中的硼碳原子比。先后两次硼原子的损失，使得薄膜中最大硼碳原子比仅为4.5。那么，能否改进工艺流程、缩短实验周期并使B-C薄膜中的硼碳原子比的范围进一步扩大呢？

在本章中，暂时抛开传统靶材的概念，越过制备靶材这一步骤，直接采用一种新型的B-C拼合靶材进行脉冲激光沉积，制备B-C薄膜。另外，新型的靶材必将会引入新的薄膜沉积机理，所以在本章将以均一靶材的脉冲激光沉积过程分析为基础[114-122]，对实验中的成膜机理进行讨论。

4.2 实验与测试

4.2.1 实验原料

实验用的基板与靶材见表 4.1，拼合靶如图 4.1 所示。将所购的靶材切割成实验设计的形状。每次薄膜沉积时，按设计好的形式将硼、碳两部分靶材水平粘在靶托上，通过 PLD 设备的机械手水平传送到靶基座上。每次薄膜沉积之前对靶材进行 15 min 预溅射，除去靶材表面的有机物氧化物。

表 4.1 基板与靶材

原料 \ 性能	基板，二氧化硅	硼-碳拼合靶材 B，$B^{11}C \sim BC^{11}$*，C
厂家	武汉迪安	英国顾特服剑桥有限公司
尺寸/mm	18.2×12×1.2	ϕ20×3

* B^xC^y，表示拼合靶材中硼靶与碳靶的角度比为 $x:y$，拼合形式见表 4.2。

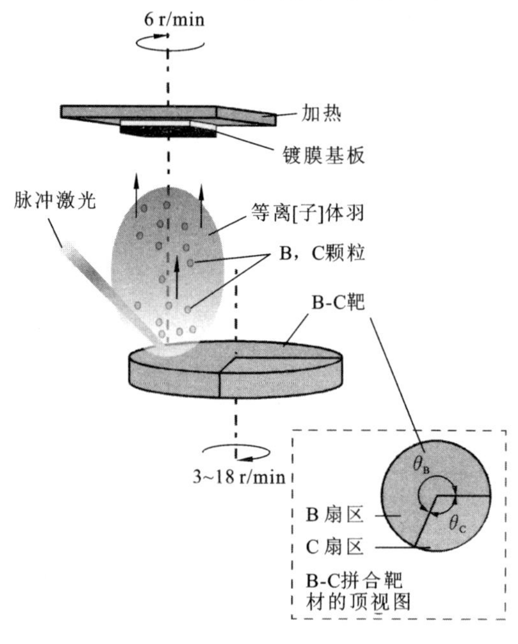

图 4.1 B-C 拼合靶的 PLD 工艺简图

在对基底进行清洗之后(清洗流程见3.2.1小节),将其水平放置在基底支架上面,放入沉积室中,放置时应使衬底与靶材正面平行正对,以保持沉积薄膜时基底位于羽辉的中心。

4.2.2 实验设计与工艺过程

1. 实验设计

如4.1节所述,新的靶材形式势必会引入新的问题。最为直观的疑问便是:拼合靶材的硼、碳原子在宏观尺度上是非均匀的,在薄膜的沉积过程中脉冲激光在单个脉冲内只能烧蚀只含一种原子的靶材表面(不考虑边界效应)。这也就是说,在几个脉宽期间内,等离子羽辉中只含有一种元素。那么,硼、碳原子是分批到达基底表面的,这样是否会造成薄膜由交替的硼层和碳层构成呢?采用怎样的工艺参数才能够获得硼、碳原子充分杂化成键的B-C薄膜呢?从以下方面对实验进行考虑与设计。

为了得到碳靶和硼靶的沉积率,实验采用碳靶和硼靶在石英基板上进行4 h的PLD沉积,所得薄膜的平均厚度分别为660 nm和410 nm,碳靶和硼靶的沉积率分别为0.46 Å和0.28 Å。假设被脉冲激光烧蚀出的硼、碳原子都平铺在基板上,以硼原子半径为1.17 Å、碳原子半径为0.91 Å计算,那么,以单脉冲获得的硼层与碳层的厚度分别为0.12和0.25个原子层。表4.2中,计算出了不同形式拼合靶材在1个靶材自转周期内所获得的硼层和碳层厚度。从表中可以看到,当靶材自转比较慢时(3 r/min),所有形式的拼合靶中硼原子层和碳原子层的最大厚度为11.0 nm和22.9 nm;当靶材自转比较快时(18 r/min),所有形式的拼合靶中硼原子层和碳原子层的最大厚度仅为3.7 nm和7.6 nm。

表4.2　不同形式拼合靶材自转周期下单层硼、碳原子的厚度　(单位:nm)

$\theta_{B/C}$	B-C 拼合靶材	r_{tag}/(r/min)					
		3		9		18	
		自转周期下不同原子层的厚度					
		B	C	B	C	B	C
11∶1		11.0	2.1	5.5	1.0	3.7	0.7

续表

$\theta_{B/C}$	B-C 拼合靶材	r_{tag}/(r/min)					
		3		9		18	
		自转周期下不同原子层的厚度					
		B	C	B	C	B	C
10∶2		10.0	4.2	5.0	2.1	3.3	1.4
9∶3		9.0	6.3	4.5	3.1	3.0	2.1
8∶4		8.0	8.3	4.0	4.2	2.7	2.8
7∶5		7.0	10.4	3.5	5.2	2.3	3.5
6∶6		6.0	12.5	3.0	6.3	2.0	4.2
5∶7		5.0	14.6	2.5	7.3	1.7	4.9
4∶8		4.0	16.7	2.0	8.3	1.3	5.6
3∶9		3.0	18.8	1.5	9.4	1.0	6.3
2∶10		2.0	20.8	1.0	10.4	0.7	6.9
1∶11		1.0	22.9	0.5	11.5	0.3	7.6

注：灰底表示 B；白底表示 C。

实际上，薄膜材料的三维生长在绝大部分情况下都遵循岛状生长(Volmer-Weber，3D)模式，即被沉积物质的原子或分子倾向于自身相互结合，它们与基底之间的浸润性不太好，因此避免与基底原子键合，从而形成许多岛。另外，在最初到达基底的原子形成岛后，后续到达的原子并不是在落点上不动，而是沿着岛边缘扩散。Zhang等[123,124]在改进Witten等[16]的表面扩散限制聚集(DLA)理论后，得到了扩展的DLA(extended DLA)模型。在此模型中，原子沿着岛边缘扩散，平均扩散的宽度(average branch thickness)为4个原子宽度，若基底温度上升，这个宽度还会变大。

这样看来，当靶材自转速度较快、基板温度较高时，硼原子和碳原子就会相互扩散到对方层中，从而导致假设不成立；当靶材自转速度较慢、基板温度较低时，材料的大部分硼、碳原子没有足够的能量越过势垒扩散到对方原子层中，从而在薄膜中形成分层结构。

2. 工艺过程

实验中所用的PLD设备详见3.2.2小节。

如前所述，靶材自转速度与基底温度是得到分子尺度下均匀的B-C薄膜的关键工艺参数。图4.1为PLD实验工艺简图。从图中可以看到，B-C拼合靶材代替了以往的均质靶材，在沉积过程中，脉冲激光交替烧蚀拼合靶材的B和C部分，B、C等离子羽辉交替产生。

4.2.3 测试方法

1. 结晶性分析

采用XRD来表征薄膜的结晶性，本实验中的X射线衍射仪是日本理学株式会社(Rigaku Co.，Ltd)生产的Rigaku Ultima III。加速电压为40 kV，电流为40 mA，采用Cu Kα射线，波长为1.540 56 Å。采用θ-θ连续扫描方式，步长为0.02°(2θ)，扫描速度为4 °/min，扫描范围为10°～90°。

2. 显微结构分析

同3.2.3小节的显微结构分析。

4.2.3.3 成分分析

同3.2.3小节的成分分析。

4.3 B-C拼合靶的脉冲激光沉积工艺研究

4.3.1 基板温度对薄膜沉积质量的影响

本节中，固定其他工艺参数(表4.3)，并将靶材自转速度固定为18 r/min，改变基板温度 T_{sub}，以考察基板温度对薄膜质量的影响。

表4.3 PLD实验工艺参数

参数	定量	变量	
	f:10 Hz	r_{tag}(r/min)	T_{sub}/℃
	P_L:90 mJ	3	20
条件	真空:~6×10^{-6} Pa	9	200
	r_{sub}:9 r/min	18	400
	t_{dep}:4 h		600

1. 结晶性

以 $B_{10}C_2$ 拼合靶为靶材，在不同基板温度(20 ℃、200 ℃、400 ℃、600 ℃)下，B-C薄膜的X射线衍射图谱如图4.2所示。4张图谱在基底的背底下，仍表现为典型的非晶态。

值得注意的是，当 T_{sub}=20 ℃和200 ℃时，只观察到25°附近有一个峰包，代表B-C非晶化合物的第一径向分布函数。T_{sub}=400 ℃和 T_{sub}=600 ℃时，在60°~80°内可以观察到有强度大于背底且模糊的峰包。这可能是由B-C非晶化合物的第二径向分布函数造成的；当然，这些强度也有可能是由基板温度升高而带来的薄膜材料晶化所造成的。有人研究10种薄膜的结晶性与基板温度的关系表明[116]，薄膜的结晶性与 T_m/T_{sub}之间的关系如下(T_m表示材料的熔化温度，T_{sub}表示基板温度)：当 $T_{sub}<0.2T_m$时，薄膜不容易形成晶态，而在本实验中，如果按照 B_4C 的

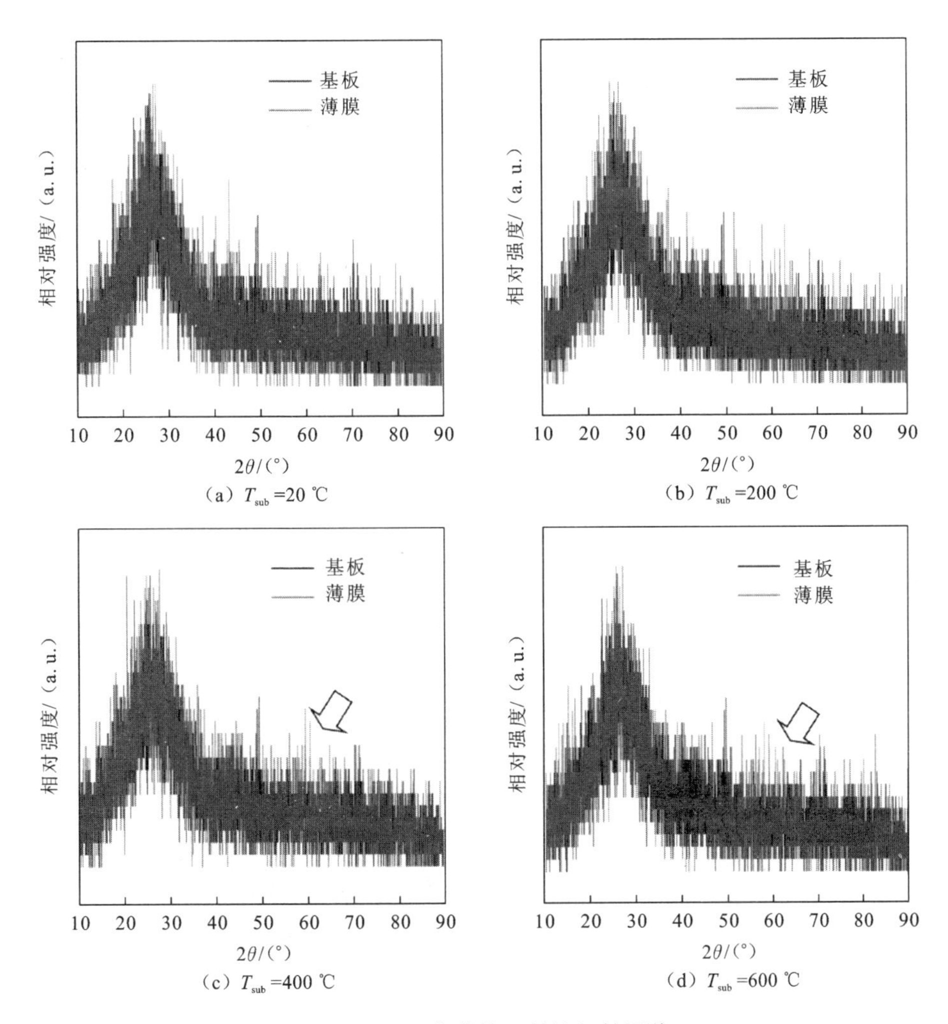

（a）T_{sub}=20 ℃　（b）T_{sub}=200 ℃　（c）T_{sub}=400 ℃　（d）T_{sub}=600 ℃

图 4.2　B-C 薄膜的 X 射线衍射图谱

熔点为 2 450 ℃计算，室温和 200 ℃正好就在 $T_{sub}<0.2\ T_m$ 的范围内；当 $0.2T_m<T_{sub}<0.3\ T_m$ 时，薄膜容易形成约 20 nm 的微晶颗粒，而 400 ℃和 600 ℃恰好落入这个区域内。因此，60°～80°内的强度正有可能是 B-C 化合物的衍射峰，只不过晶粒尺寸太小而使衍射峰严重宽化了。

2. 表面形貌

图 4.3 为 20 ℃、200 ℃、400 ℃和 600 ℃时制备的 B-C 薄膜的表面 SEM 照片。

由图可以看出，当基板温度较低，T_{sub}为 20 ℃和 200 ℃时，薄膜表面较为平整光滑，而当基板温度较高时，薄膜表面弥散着几纳米到几十纳米的颗粒。结合 XRD 图谱可以看出，此类小颗粒为由基板温度升高而产生的微晶颗粒。这是因为非晶薄膜处于一种热力学非平衡状态或某种亚稳态，这种体系具有较高的能量，当基板温度升高时，可降低处于高能态原子的相对势垒，从而将有利于体系能量的释放，向晶态转变。

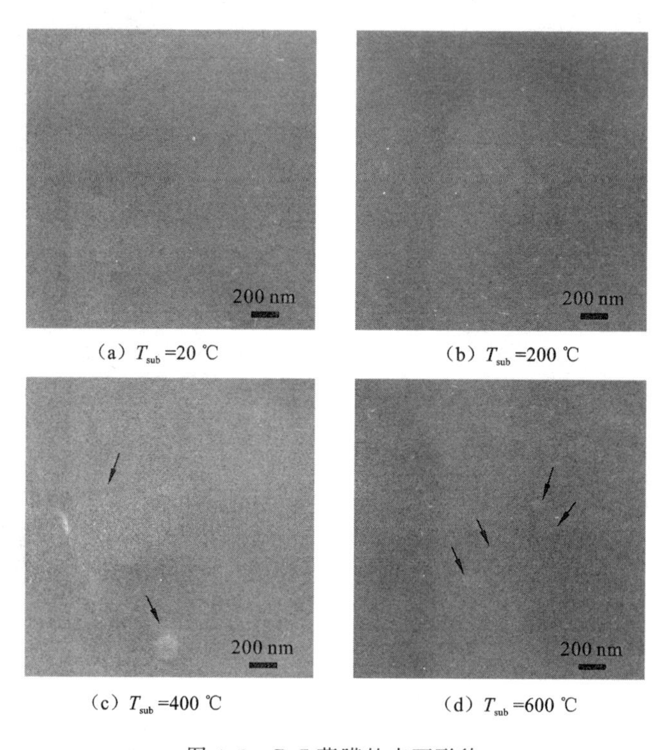

(a) T_{sub}=20 ℃　(b) T_{sub}=200 ℃

(c) T_{sub}=400 ℃　(d) T_{sub}=600 ℃

图 4.3　B-C 薄膜的表面形貌

从图 4.4 中可以读出各薄膜材料的表面粗糙度。当基板温度由室温增加到 200 ℃时，材料的表面粗糙度略有下降，这可能是因为较高的基板温度使薄膜的表面粒子获得了更大的迁移率，一些处于岛顶部的粒子扩散到岛的边缘，填平了岛与岛之间的凹地，使得薄膜表面变得更为平整。但当基板温度进一步升高时，材料的表面粗糙度开始略有上升，这是因为随着基板温度到达 0.2 T_m，薄膜开始有微小晶粒长出，温度越高，晶粒发育得越大，造成薄膜表面粗糙度略微上升。总体来看，以 B-C 拼合靶沉积出的 B-C 薄膜的表面粗糙度要比以 B-C 陶瓷靶沉积出的薄膜大。

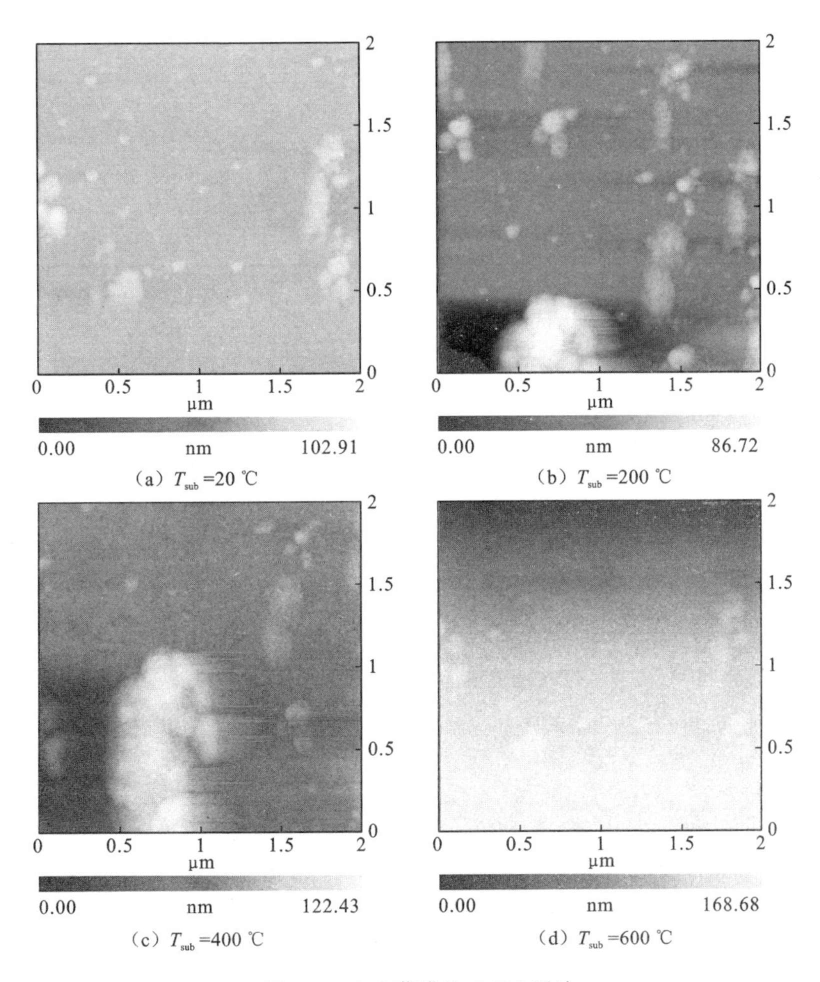

(a) T_{sub}=20 ℃　(b) T_{sub}=200 ℃　(c) T_{sub}=400 ℃　(d) T_{sub}=600 ℃

图 4.4　B-C 薄膜的 AFM 照片

从图 4.5 中可以清楚地观察到，在不同基板温度下沉积所得薄膜的表面都分布着大量的类球形颗粒，并且这些颗粒的分布密度没有明显的规律性。对于 PLD 技术，当辐射到靶材表面的脉冲激光能量密度足够大，且脉宽足够短时，靶材迅速由固体转变为超热液体，再转变为蒸气和平衡的混合体，在沉积空间中有大量液滴出现，这就是相爆炸[117,125]。近年的一些研究也表明，在由 PLD 沉积所得的薄膜表面中观察到了直径为 1 μm 的液滴[126-128]。在相爆炸过程中，超热液相中会形成气泡成核，气泡长大到临界尺寸后就会坍塌，从而加强了液滴的溅射。值得注意的是，如果靶材的致密度不高，靶材本身存在着许多闭气孔，这些气孔在受到辐射后同样会加强液滴的溅射。在本章中，拼合靶中的硼部分具有较低的致密度，仅为80%(纯硼非常难以致密化)，这就使得相爆炸中会有更多的气泡坍塌，导致更多的液滴溅落在薄膜表面。而第 3 章中所使用的 B-C 陶瓷靶致密度达到 95%，相爆炸时只有较少的气泡坍塌。因此，沉积所得的薄膜的表面会比较平整。

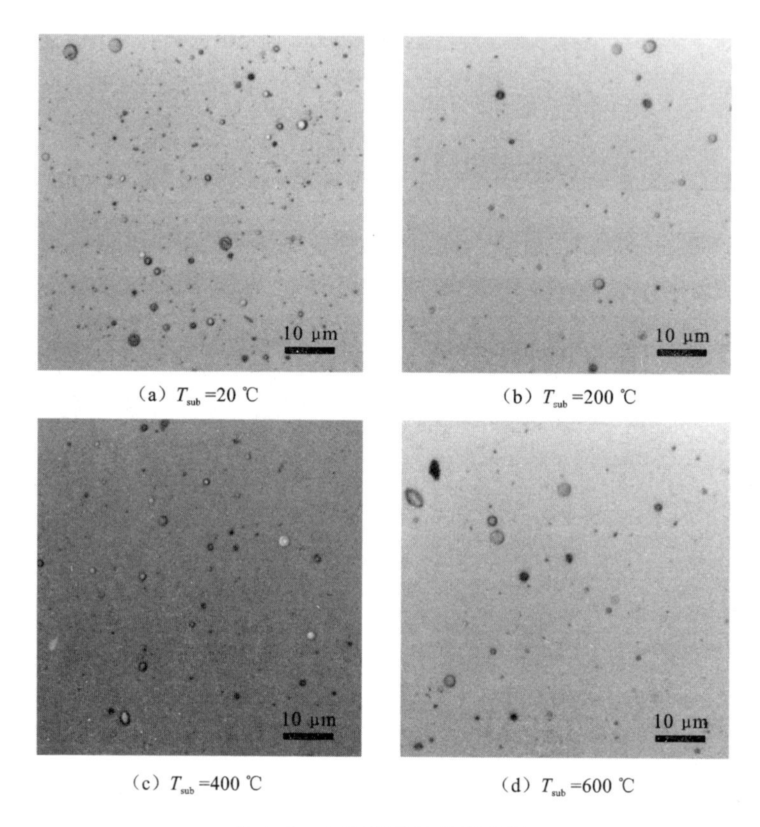

(a) T_{sub}=20 ℃　(b) T_{sub}=200 ℃

(c) T_{sub}=400 ℃　(d) T_{sub}=600 ℃

图 4.5　B-C 薄膜的光学图像

3. 硼、碳原子杂化成键

如前所述，脉冲激光交替烧蚀拼合靶材的硼和碳，硼、碳等离子羽辉交替产生，硼、碳粒子交替到达薄膜表面。因此，必须关注本实验中薄膜的均匀性。由于碳靶部分的沉积率较高，比较容易形成单碳层，因此接下来采用 XPS 分析薄膜中碳原子的 1s 轨道上电子的状态，从而得到碳原子与周边原子的结合情况，如图 4.6 所示。

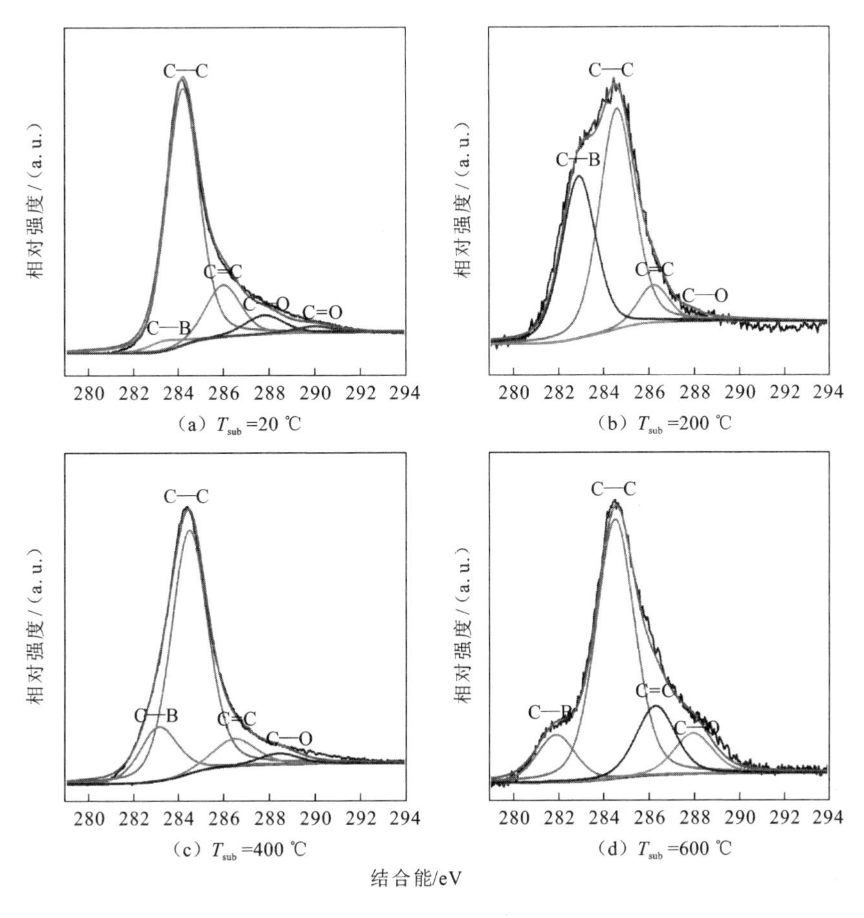

图 4.6　B-C 薄膜的 XPS C1s 谱

在对 C1s 谱线扣非线性背底后进行分峰拟合，选取峰形函数高斯(77%)-洛伦兹(23%)，拟合图像如图 4.6 所示。将薄膜中的碳原子分为四类：与硼原子杂化成键(C—B) 的碳原子、来自 XPS 仪器真空系统中污染(C—C) 的碳原子、与碳原子杂化成键(C ═C) 的碳原子、与表面氧原子结合(C—O)的碳原子。其中，C—B 键与 C—C 键的份额反映了薄膜中碳原子周围的原子分布。当基板温度为室温时，C—C 键的份额要大于 C—B 键的份额，这说明较多的碳原子还是相互聚集在一起。当基底温度升高到 200 ℃时，C—C 键的份额与 C—B 键的份额相当，这表明随着温度的提升，更多的碳原子具有较高的迁移率，能够扩散，并先后到达的硼原子附近，与之杂化成键。但当基板温度进一步升高时，C—C 键的份额与 C—B 键的份额变化不大，这表明当基板温度为 200 ℃时，碳原子与硼原子已经充分杂化成键。

4.3.2　靶材自转速度对薄膜沉积质量的影响

本节中，在固定其他工艺参数（表 4.3）的同时将基板温度固定为 200 ℃，改变靶材自转速度 r_{tag}，考察靶材自转速度对薄膜质量的影响。

1）结晶性

以 $B_{10}C_2$ 拼合靶为靶材，在基底温度 200 ℃下以不同靶材自转速度（6 r/min，12 r/min，18 r/min）采用 PLD 沉积 B-C 薄膜，获得其 XRD 图谱。谱线特征仍都表现为典型的非金属非晶态，谱线之间没有本质性的差异，这是因为靶材自转速度的改变并不改变等离子体中硼、碳粒子到达薄膜表面时的性质。相同，靶材的自转速度也对薄膜的表面形貌影响不大，故在此不再赘述。

2）硼、碳原子杂化成键

如 4.2.2 小节实验设计所述，靶材的自转速度会直接影响每个自转周期内到达薄膜表面的硼、碳原子的总数。图 4.7 为不同靶材自转速度（3 r/min，9 r/min，18 r/min）下制备的 B-C 薄膜中的 XPS C1s 谱线。随着靶材自转速度增加，C—C 键的份额逐步减小，C—B 键的份额逐步增大。这说明随着靶材自转速度的增加，单层硼原子层和碳原子层的厚度在减小，当厚度小于原子的扩散宽度时，硼、碳原子充分杂化成键，所制备的 B-C 薄膜在分子尺度下是均匀的。

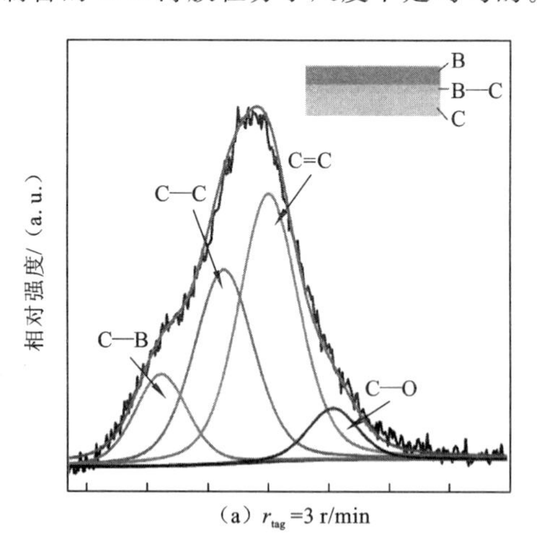

（a）r_{tag} =3 r/min

图 4.7　B-C 薄膜的 XPS C1s 谱

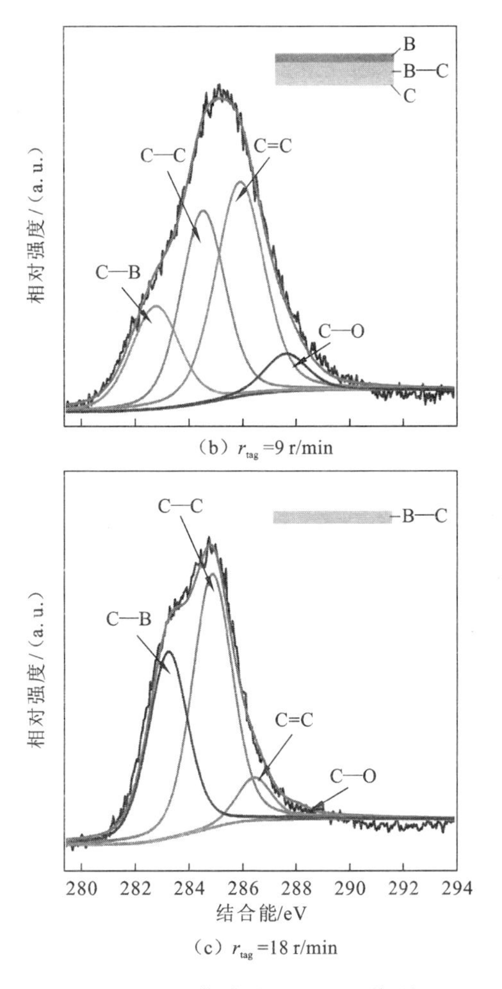

图 4.7　B-C 薄膜的 XPS C1s 谱(续)

4.4　B-C 薄膜的成分分析与控制

4.4.1　B-C 薄膜的化学组成分析与成分控制

在 4.2 节和 4.3 节对 B-C 拼合靶的工艺优化研究中，得到了较为理想的工艺参数，即靶材自转速度 18 r/min 和基底温度 200 ℃，以此种工艺条件进行薄膜沉积，可以得到硼、碳原子充分杂化成键且表面粗糙度较小的 B-C 薄膜。在本节中，对不同组合形式的 B-C 拼合靶采用优化后的工艺参数,制备 B-C 薄膜。对所得薄膜进行 XPS 定量分析测试,对谱线进行计算、分析后可得各薄膜中的 $R_{B/C}$ 和 $\theta_{B/C}$,拼合靶材中硼和碳的面积比如图 4.8所示。从图中可以看到,$R_{B/C}$ 为 0.1～8.9。由此可见,此系列 B-C 薄膜的 $R_{B/C}$ 比第 3 章中以均匀靶材得到的 B-C 薄膜中的 $R_{B/C}$ 分布广,相比一些文献中报道的 B-C 薄膜 $R_{B/C}$ 就更广泛了。同样,根据这条经验曲线便能找到制备特定组分薄膜所需要的相应的拼合靶材形式,这样便可以在 $R_{B/C}$ 为 0.1～8.9 时精确控制薄膜中的硼碳原子比。另外,直接采用拼合靶沉积薄膜,并对薄膜成分进行控制,只需要掌握一组经验数据即可,相对于传统工艺路线,这明显简化了实验过程,也缩短了实验周期。

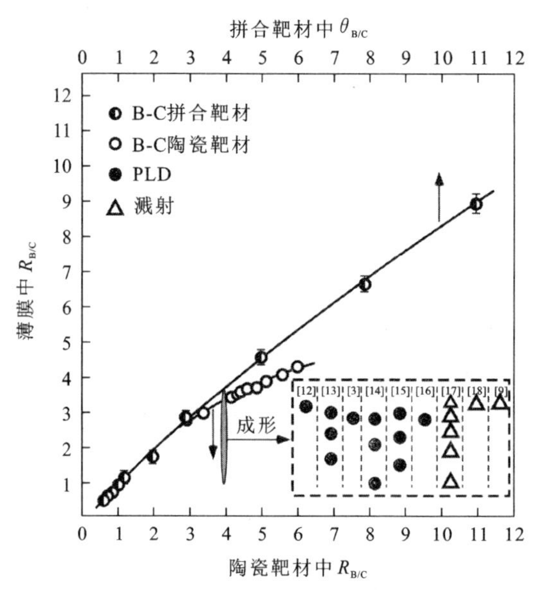

图 4.8 $R_{B/C}$ 与 $\theta_{B/C}$ 的关系

4.4.2 硼、碳原子的化学结构分析

进一步对 B-C 薄膜中原子的化学结构进行研究。由于篇幅有限,这里仅给出 3 种 B-C 薄膜的 XPS C1s 数据。类似于 3.4.2 小节中的考虑,主要对谱线中的 C—B 键组成进行研究,将 C—B 键的份额分为以 sp^3(283.7 eV)形式杂化的碳原子与 sp^2(281.8 eV)形式杂化的碳原子,如图 4.9 (b)和(c)中右上角插图所示。图 4.9 (d)则显示 sp^2/sp^3 与 $\theta_{B/C}$ 和 $R_{B/C}$ 的依存关系,为了方便起见,从富硼侧描述,在$R_{B/C}$=8.9～6.5 ($\theta_{B/C}$=8～11)时,sp^2/sp^3 随硼含量的降低稳步提升。当

$R_{B/C}=6.5$ 时，sp^2/sp^3 达到峰值，而当 $R_{B/C}<6.5$ 时，sp^2/sp^3 随硼含量的降低开始下降。当$R_{B/C}<2.9$ 时，sp^2/sp^3 曲线下降的斜率开始逐步变小。在富碳侧，sp^2/sp^3 基本不随 $\theta_{B/C}$与 $R_{B/C}$的变化而变化。虽然现在已明确碳化硼的结构由主链和与其相连的二十面体组成，但是由于硼、碳原子极为相似，目前仍缺乏对碳原子进入碳化硼结构的细节描述。研究热点为：当碳原子进入碳化硼时，优先取代主链上的硼原子还是优先取代二十面体上的硼原子。Emin[46]基于能量与熵的理论研究，认为碳在进入碳化硼时优先取代主链上的硼原子。如果这种解释成立，当碳原子浓度较低时，碳化硼的结构应为(B_{12})CBB，即 $B_{14}C$；当碳原子浓度增加时，碳原子开始进入二十面体，此时碳化硼的结构应为($B_{11}C$)CBB，即 $B_{6.5}C$；当碳原子浓度进一步增加时，碳化硼结构中开始出现($B_{10}C_2$)二十面体，一直到B-C单相区的边缘——$B_{3.1}C$[123]。由此可见，本研究中的实验结果与Emin[46]和Konovalikhin等[128]的理论研究相吻合。

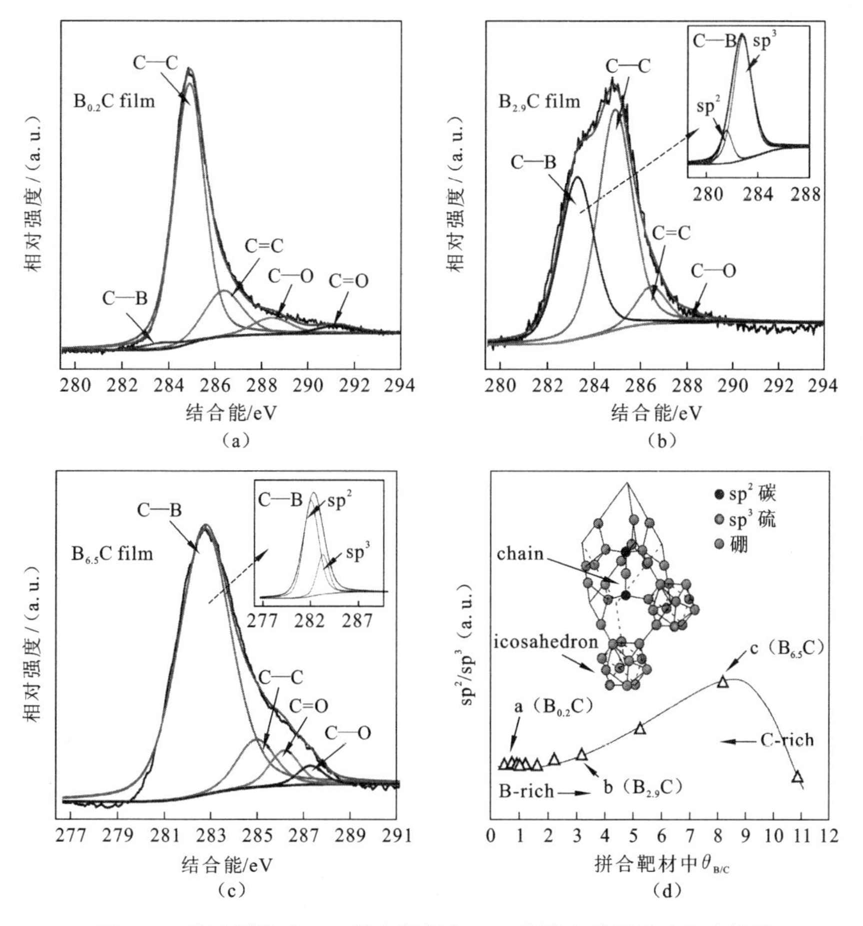

图 4.9 以不同形式B-C拼合靶制备B-C薄膜中碳原子比杂化情况

4.5　B-C 拼合靶的脉冲激光沉积过程分析

4.5.1　脉冲激光沉积技术

一般来说，在讨论 PLD 技术沉积薄膜时，整个沉积过程可分为激光束与靶材的相互作用、等离子体的绝热膨胀和薄膜沉积三个阶段。

1. 第一阶段：激光束与靶材的相互作用

当脉冲激光照射固体靶材时，激光与靶材之间存在强烈的相互作用，产生许多物理过程和物理效应。图 4.10 是靶材与激光作用后的表面示意图。首先，激光能量会被不透明的靶材吸收，被照射表面下的一个薄层被加热，使表面温度升高。与此同时，能量向物质内层传导，使被加热的厚度不断增加。但是，随着厚度的增加，温度梯度越来越小，导致热传导引起的热传输速度随时间延长而减弱。渗透到靶材内部的能量极少，绝大部分的能量都聚集在靶材的表面，导致表面和表面附近的温度持续上升。从此时开始，表面的温度主要由蒸发机制控制。由于 PLD 技术所用的脉冲激光功率密度很大，蒸发粒子的温度很高，粒子中有相当多的原子被激发和离子化。这些被激发和离子化的原子与离子，会吸收激光辐射，直到蒸气中的粒子几乎全部被离子化，导致在靶的表面出现等离子体羽辉。靠近靶材表面的等离子体羽辉粒子密度非常高，称为电晕区。电晕区吸收绝大部分的脉冲激光能量(约98%)，屏蔽激光能量向靶材表面辐射。在电晕区外的等离子体，由于粒子密度较低，对于激光能量没有吸收效应，称为导热区。在靶材的表层即渗透层存在较激烈的能量输运现象，以固相为主，实际上还存在液相和气相物质。这种层状结构在脉冲激光的作用下，将随着时间延长向靶材深处推进。

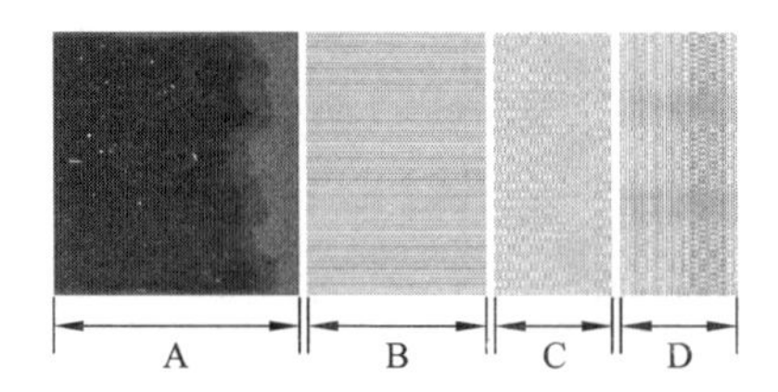

图 4.10　靶材与激光作用后的表面示意图

A 为没有作用过的靶材；B 为熔化的液态层；

C 为气态和等离子体层；D 为膨胀后的等离子体

2. 等离子体的膨胀

激光功率密度足够高时,溅射出的烧蚀物会被离子化为高温高密度等离子体,PLD 技术就是采用高温高压等离子体来制备各种薄膜。等离子体膨胀过程是指高能激光脉冲溅射产生的烧蚀物,离子化为高温高密度的等离子体后,大致经历绝热和等温膨胀两个过程。

一般来说,在脉冲激光作用时间内,即 $t \leqslant \tau$ 时,等离子体可认为是等温膨胀,其中 τ 为脉冲宽度。这是因为等离子体一边体积膨胀,温度趋于降低;一边继续吸收激光的后续能量,驱使温度升高。两种相反的作用,效果近似相互抵消,即等离子体的温度保持不变。而脉冲激光作用结束之后,即 $t > \tau$ 时,激光能量的输入停止,由于等离子体继续膨胀得很迅猛,等离子体与周围环境的热交换忽略不计。换言之,这一阶段的等离子体膨胀认为是绝热的。迅速的绝热膨胀使得等离子体温度迅速下降。

3. 薄膜沉积

等离子体与基底的相互作用,在激光薄膜沉积中起重要作用。开始时,等离子体向基底输入高能粒子,其中基底表面一部分原子(大约 $5\times10^{14}\ \mathrm{cm}^{-2}$)被溅射出来,形成粒子的逆流,即溅射逆流。输入粒子流和溅射逆流相互作用形成一个高温和高粒子密度的对撞区,它阻碍输入的粒子直接向基底入射。一旦粒子的凝聚速度超过其飞溅速度,热化区就会消散。热化区消散后,薄膜的增长只能靠等离子体发射的粒子流,这时粒子动能已降到 10 eV,薄膜的凝聚作用和薄膜中缺陷的形成同时发展,直到输入原子的能量小于缺陷形成的阈值。如果等离子体密度低或寿命短,则只能形成热化区,这时,薄膜的生长只能靠能量较低的粒子,因此薄膜的生长速度较小,甚至可能得不到薄膜。

4.5.2 脉冲激光烧蚀靶材过程分析

1. 空间坐标系的建立

当脉冲激光束照射靶材时,如果忽略激光在光路中的能量损失和靶材表面对激光的反射能量损失,靶材将吸收激光的全部能量。当靶材吸收的激光能量达到材料升华能以上时,一部分靶材的粒子热运动极为剧烈,摆脱周围粒子的束缚,从靶面逃逸到真空中,形成气态及等离子态粒子。从宏观上来看,靶材的表面有一部分被“烧蚀”掉了，这个过程便是脉冲激光对靶材的烧蚀过程。激光对靶材的烧蚀率定义为，在单位面积靶材上，单位激光脉冲时间内被气化的烧蚀粒子的数量，即单位面积靶材上的粒子蒸发率 N。由其定义可知

$$N=\frac{\rho d_{\mathrm{a}}}{\tau m} \tag{4.2}$$

定义入射到靶材表面的脉冲激光能量密度为 I_0，靶材对激光的吸收系数为 b，激光作用到靶材内深度位置 x 处的脉冲激光能量密度为 $I(x)$，则

$$d_{\mathrm{a}} I(x) = -bI(x) \tag{4.3}$$

将坐标原点选在 0 时刻烧蚀靶材表面激光光斑的位置上，如图 4.11 所示，以下所有讨论均基于此坐标系。由边界条件 $x=0$ 时，$I(0)=I_0$，可得

$$I(x)=I_0 \mathrm{e}^{-bx} \tag{4.4}$$

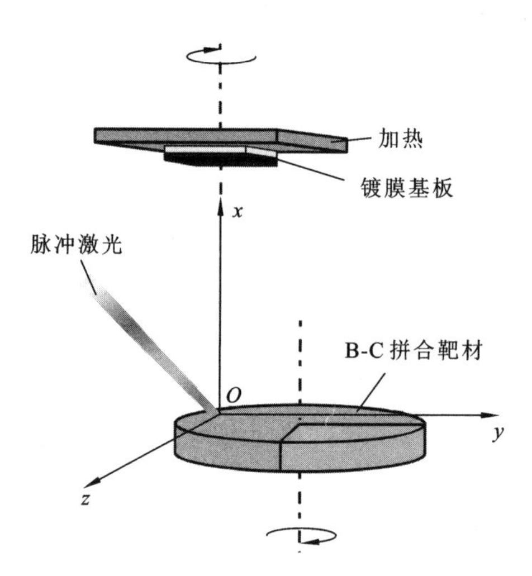

图 4.11　研究脉冲激光烧蚀靶材的坐标系

2. 烧蚀率的推导

设脉冲激光入射到位置 $x_t = d_{\mathrm{a}}$ 时，能量密度下降为 I_t，此时烧蚀面上的激光能量低于靶材升华所需能量，不足以继续蒸发出靶材粒子，则此位置上的能量密度称为激光能量密度的临界值，而 d_{a} 称为单脉冲激光所蒸发靶材的厚度。由式(4.3)可得

$$d_{\mathrm{a}} = (1/b)\ln(I_0/I_t) \tag{4.5}$$

对蒸发出的这一部分靶材粒子进行研究，根据能量守恒原理，要使单位面积上

厚度为 x 的材料蒸发掉，所需激光的能量必须与这些材料由固态变为气态的升华能 E_s 相当：

$$\rho E_s x s \frac{1}{m} = \tau \int_0^d bI(x)\mathrm{d}x = \tau I_0(1 - \mathrm{e}^{-bx}) \tag{4.6}$$

合并常数项，令 $\rho E_s s \frac{1}{m} = A$，则

$$xA = (1 - \mathrm{e}^{-bx}) \tag{4.7}$$

由于单脉冲激光蒸发靶材的厚度一般在10^{-5} m数量级，相对激光光斑与靶间距（一般为10^{-3} m数量级）来说为一个极小值，因此可将 e^{-bx} 在$x = 0$附近以Taylor级数展开，保留二次项：

$$\mathrm{e}^{-bx} = 1 - bx + \frac{1}{2}b^2x^2 \tag{4.8}$$

将式(4.8)代入式(4.7)可得

$$x = 2\left(\frac{1}{b} - \frac{A}{b^2\tau I_0}\right) \tag{4.9}$$

另外，靶材的吸收率与靶材的折射率 n、激光波长 λ 有关[1]，则

$$b = 4\pi n/\lambda \tag{4.10}$$

将式(4.5)、式(4.9)、式(4.10)代入式(4.2)可得

$$N = \frac{\rho\lambda}{2n\pi m\tau}\left(1 - \frac{\lambda A}{4n\pi\tau I_0}\right) \tag{4.11}$$

由于原点设在0时刻的靶材表面，且靶材在 x 轴方向上是均匀的，因此可以把激光在烧蚀靶材时的烧蚀面看成匀速运动，那么 t 时刻烧蚀面的位置可以表示为

$$a(t) = -d\left(\frac{t}{\tau}\right) \tag{4.12}$$

将式(4.2)、式(4.11)代入式(4.12)，则可得到

$$a(t) = -\frac{t\lambda}{2n\pi\tau}\left(1 - \frac{\lambda A}{4n\pi\tau I_0}\right) \tag{4.13}$$

该式描述了烧蚀面位置随激光作用时间变化的规律。当烧蚀均质靶材、激光波长脉宽不变时，烧蚀率是一常量。

通过式(4.13)可以得到单个脉冲结束时，烧蚀面的位置为

$$a(\tau) = -\frac{\lambda}{2n\pi}\left(1 - \frac{\lambda A}{4n\pi\tau I_0}\right) \tag{4.14}$$

4.5.3 脉冲激光烧蚀产生等离子体的膨胀行为分析

当脉冲激光照射在靶材表面时，会对靶材产生热效应，使靶材熔化或者气化，

有时熔化与气化同时进行。一般当激光能量密度低于10^8 W/cm^2 时，产生的靶材蒸气是中性透明的，就是说，后续的激光与气体可以看成没有能量的交换。当照射激光能量密度大于10^8 W/cm^2 时，就会发生显著的原子激发和离子化，此时被烧蚀靶材所产生的蒸气中除有中性粒子外，还包括大量的带电粒子(电子与正离子)，构成等离子云，也就是通常所说的等离子羽辉，简称羽辉。近年，各种型号的脉冲激光镀膜设备中使用的激光器的能量密度均大于10^8 W/cm^2，能量密度越大，羽辉的离子化程度也越高。但是，在镀膜工艺中激光能量密度也不能过大，一旦超过某个数值(大约为10^{10} W/cm^2)，激光在烧蚀靶材时，不仅产生等离子体与中性离子，还会产生大量的球形液滴[120]，这将会造成薄膜表面粗糙度高，甚至会出现化学偏析，正如 4.4.1 小节及 4.4.2 小节所述。

1. 等离子体的等温膨胀

等离子体羽辉产生以后，它在空间的膨胀过程可以分为两个阶段：第一阶段，等离子体等温膨胀过程；第二阶段，等离子体的绝热膨胀过程。在脉冲激光作用时间内，即 $t\leqslant\tau$ 时，等离子体一方面由于其体积膨胀，温度趋于降低；另一方面由于不断吸收激光的能量，驱使温度升高。两种相反的作用大致相互抵消，即等离子体的温度保持不变。等离子体膨胀的这一阶段称为等温膨胀。而脉冲激光结束后，即 $t\geqslant\tau$ 时，激光能量停止输入，由于等离子体的继续膨胀很迅猛，温度会不断降低。在这一阶段，可以认为等离子体与周围环境的热交换忽略不计。换言之，可以认为这一阶段的等离子体膨胀是绝热的。

等离子体中的粒子密度为$10^{19}\sim10^{20}$ cm^{-3}，又由于等离子中粒子的平均自由程都很小，因此等离子的行为可以看成连续流体行为[118]。另外，因为等离子在真空中的膨胀是十分迅速的，所以膨胀中的等离子的密度梯度是巨大的。等离子体的边缘如果是自由、不受约束的，假设等离子体的空间浓度 $c(x,y,z,t)$，那么如图 4.11 所示，在 y、z 方向等离子体的膨胀不受任何约束，可认为 $c(x,y,z,t)$ 呈类高斯分布；而在 x 方向上，离子体的膨胀在负半轴受到靶材表面的约束，认为 $c(x,y,z,t)$ 呈泊松分布，即等离子体粒子浓度沿 x 方向的变化率与其浓度成正比。由此可得到等离子体的空间浓度方程：

$$\frac{\partial c}{\partial t}=X(t)\frac{\partial c}{\partial x}+Y(t)\frac{\partial^2 c}{\partial y^2}+Z(t)\frac{\partial^2 c}{\partial z^2} \tag{4.15}$$

式中：$X(t)$、$Y(t)$、$Z(t)$ 分别为等离子体边界在 t 时刻的空间坐标。

将式(4.2)代入式(4.15)，满足等温膨胀的等离子体浓度可表示为

$$c(x,y,z,t)=CNts\exp\left[-\frac{x}{X(t)}-\frac{y^2}{2Y^2(t)}-\frac{z^2}{2Z^2(t)}\right],\quad t\leqslant\tau \tag{4.16}$$

式中：C 为归一化常数。

将式(4.11)代入式(4.16)，可得

$$c(x,y,z,t)=\frac{ts\rho\lambda C}{2\pi nm\tau}\left(1-\frac{\lambda A}{4n\pi\tau I_0}\right)\exp\left[-\frac{x}{X(t)}-\frac{y^2}{2Y^2(t)}-\frac{z^2}{2Z^2(t)}\right],\quad t\leqslant\tau \tag{4.17}$$

将理想气体状态方程 $P=\frac{nRT_0}{V}$（R 为理想气体常量），代入式(4.16)，可得

$$P(x,y,z,t)=\frac{ts\rho\lambda CRT_0}{2\pi nm\tau}\left(1-\frac{\lambda A}{4\pi\tau I_0}\right)\exp\left[-\frac{x}{X(t)}-\frac{y^2}{2Y^2(t)}-\frac{z^2}{2Z^2(t)}\right],\quad t\leqslant\tau \tag{4.18}$$

气体的压强从微观角度来看，为气体分子的活跃程度，即气体分子的速度。在羽辉中的等离子有很强的方向性，因此，可以将此速度认为是等离子边界在空间的移动速度：

$$\boldsymbol{v}(x,y,z,t)=\frac{\mathrm{d}X(t)}{\mathrm{d}t}\boldsymbol{i}+\frac{y}{Y(t)}\cdot\frac{\mathrm{d}Y(t)}{\mathrm{d}t}\boldsymbol{j}+\frac{z}{Z(t)}\cdot\frac{\mathrm{d}Z(t)}{\mathrm{d}t}\boldsymbol{z},\quad t\leqslant\tau \tag{4.19}$$

式中：$\boldsymbol{i}$、$\boldsymbol{j}$、$\boldsymbol{k}$ 分别为 x、y、z 方向上的单位向量。

根据流体动力学理论，等离子体向空间膨胀时，满足粒子连续性方程和动量守恒方程：

$$-\frac{\partial}{\partial t}\int_V\rho_D\mathrm{d}V=\int_S\rho_D(\boldsymbol{v}\cdot\boldsymbol{s})\mathrm{d}S-\frac{\partial}{\partial t}\left(\frac{mtN}{\tau}\right) \tag{4.20}$$

$$\int_V\left[\frac{\partial(\boldsymbol{v}\rho_D)}{\partial t}+\rho_D(\boldsymbol{v}\cdot\nabla)\boldsymbol{v}+\boldsymbol{v}(\nabla\cdot\rho_D\boldsymbol{v})+\nabla P\right]\mathrm{d}V=0 \tag{4.21}$$

式(4.20)的最后一项表示入射到等离子体中的粒子质量变化。将式(4.17)～式(4.19)分别代入式(4.20)与式(4.21)，可得

$$\begin{aligned}&X(t)\left[\frac{1}{\tau}\frac{\mathrm{d}X(t)}{\mathrm{d}t}+\frac{\mathrm{d}^2X(t)}{\mathrm{d}t^2}\right]\\&=Y(t)\left[\frac{1}{\tau}\frac{\mathrm{d}Y(t)}{\mathrm{d}t}+\frac{\mathrm{d}^2Y(t)}{\mathrm{d}t^2}\right]\\&=Z(t)\left[\frac{1}{\tau}\frac{\mathrm{d}Z(t)}{\mathrm{d}t}+\frac{\mathrm{d}^2Z(t)}{\mathrm{d}t^2}\right]=\frac{RT_0}{m},\quad t\leqslant\tau\end{aligned} \tag{4.22}$$

式(4.22)描述了在激光作用时间内，即 $t\leqslant\tau$ 时，等离子体边缘膨胀尺寸随时间的变化关系。一般来说，等离子体的 y、z 方向初始尺寸为10^{-3} m 数量级，而 x 方向尺寸为10^{-6} m 数量级，则 x 方向的加速度$\frac{\mathrm{d}^2X(t)}{\mathrm{d}t^2}$将大于 y、z 方向上的加速度

$\frac{d^2Y(t)}{dt^2}$、$\frac{d^2Z(t)}{dt^2}$，宏观上来看就呈现出制备过程中观察到的椭球体。

2. 等离子体的绝热膨胀

对于 $t \geqslant \tau$ 阶段，激光能量输入停止，因此等离子体的运动过程为绝热膨胀过程，满足绝热过程热力学方程：

$$T\left[X(t)Y(t)Z(t)\right]^{\omega-1} = \text{常量} \tag{4.23}$$

式中：ω 为绝热指数。

由于再也没有粒子从靶材表面上被烧蚀出来，整个空间中的粒子数为一恒定值，同式(4.17)，等离子体羽辉中某点的浓度为

$$c(x,y,z,t) = \frac{ts\rho\lambda C}{2\pi nm\tau}\left(1-\frac{\lambda A}{4\pi\tau I_0}\right)\exp\left[-\frac{x}{X(t)}-\frac{y^2}{2Y^2(t)}-\frac{z^2}{2Z^2(t)}\right],\quad t\geqslant\tau \tag{4.24}$$

同样，根据理想气体状态方程可得等离子体的压强空间分布，同式(4.18)，等离子体羽辉中某点的压强为

$$P(x,y,z,t) = \frac{ts\rho\lambda CRT_0}{2\pi nm\tau}\left(1-\frac{\lambda A}{4\pi\tau I_0}\right)\exp\left[-\frac{x}{X(t)}-\frac{y^2}{2Y^2(t)}-\frac{z^2}{2Z^2(t)}\right],\quad t\geqslant\tau \tag{4.25}$$

等离子体羽辉中某点的速度表达式同式(4.19)。

又因为绝热过程的状态方程为温度方程分别为

$$\frac{1}{P}\left[\frac{\partial P}{\partial t}+\boldsymbol{v}\cdot\nabla P\right]-\frac{\omega}{c}\left[\frac{\partial c}{\partial t}+\boldsymbol{v}\cdot\nabla c\right]=0 \tag{4.26}$$

$$\frac{\partial T}{\partial t}+\boldsymbol{v}\cdot\nabla T=(1-\omega)T(\nabla\cdot\boldsymbol{v}) \tag{4.27}$$

在绝热过程中等离子体羽辉中不存在温度梯度，即认为 $\nabla T=0$，所以式(4.27)可写为

$$\frac{\partial T}{\partial t}=(1-\omega)T(\nabla\cdot\boldsymbol{v}) \tag{4.28}$$

结合式(4.19)、式(4.23)、式(4.26)与式(4.28)，可得描述绝热过程中等离子体羽辉边界的运动方程为

$$X(t)\left(\frac{d^2X}{dt^2}\right)=Y(t)\left(\frac{d^2Y}{dt^2}\right)=Z(t)\left(\frac{d^2Z}{dt^2}\right)=\frac{RT_0}{m}\left[\frac{X_0Y_0Z_0}{X(t)Y(t)Z(t)}\right]^{\omega-1} \tag{4.29}$$

式中：X_0、Y_0、Z_0 分别为激光脉冲结束时，即 $t=\tau$ 时等离子体羽辉的边界尺寸。

4.5.4　等离子体羽辉边界的求解

4.5.3 小节通过推导，得到式(4.22) 与式(4.29)，从而描述了等离子体的边界运动行为。但这两个方程均不能得到精确的解析解，因此本节采用差分法，对其进行数值求解，以得到等离子体边界的实际运动状态。

1. 等离子体的等温膨胀阶段

根据能量守恒定律，可得

$$Is\tau = \frac{3}{2}RT\bar{c}V_{\tau} \tag{4.30}$$

将式(4.30) 代入式(4.20)，采用向前差分法，对等离子体的等温膨胀阶段等离子体边界运动规律进行模拟：

$$\left.\begin{aligned}
X(i+1) &= X(i) + h\left.\frac{\mathrm{d}X(t)}{\mathrm{d}t}\right|_{(i)} \\
\left.\frac{\mathrm{d}X(t)}{\mathrm{d}t}\right|_{(i+1)} &= \left.\frac{\mathrm{d}X(t)}{\mathrm{d}t}\right|_{(i)} + \left.\frac{\mathrm{d}^2X(t)}{\mathrm{d}t^2}\right|_{(i)} \\
\left.\frac{\mathrm{d}^2X(t)}{\mathrm{d}t^2}\right|_{(i+1)} &= \left(\frac{RT_0}{\mathrm{m}}\right)[\mathrm{X(i+1)}]^{-1} - \left.\frac{\mathrm{d}X(t)}{\mathrm{d}t}\right|_{(i+1)}\frac{1}{\tau} \\
Y(i+1) &= Y(i) + h\left.\frac{\mathrm{d}Y(t)}{\mathrm{d}t}\right|_{(i)} \\
\left.\frac{\mathrm{d}Y(t)}{\mathrm{d}t}\right|_{(i+1)} &= \left.\frac{\mathrm{d}Y(t)}{\mathrm{d}t}\right|_{(i)} + \left.\frac{\mathrm{d}^2Y(t)}{\mathrm{d}t^2}\right|_{(i)} \\
\left.\frac{\mathrm{d}^2Y(t)}{\mathrm{d}t^2}\right|_{(i+1)} &= \left(\frac{RT_0}{m}\right)[Y(i+1)]^{-1} - \left.\frac{\mathrm{d}Y(t)}{\mathrm{d}t}\right|_{(i+1)}\frac{1}{\tau} \\
Z(i+1) &= Z(i) + h\left.\frac{\mathrm{d}Z(t)}{\mathrm{d}t}\right|_{(i)} \\
\left.\frac{\mathrm{d}Z(t)}{\mathrm{d}t}\right|_{(i+1)} &= \left.\frac{\mathrm{d}Z(t)}{\mathrm{d}t}\right|_{(i)} + \left.\frac{\mathrm{d}^2Z(t)}{\mathrm{d}t^2}\right|_{(i)} \\
\left.\frac{\mathrm{d}^2Z(t)}{\mathrm{d}t^2}\right|_{(i+1)} &= \left(\frac{RT_0}{m}\right)[Z(i+1)]^{-1} - \left.\frac{\mathrm{d}Z(t)}{\mathrm{d}t}\right|_{(i+1)}\frac{1}{\tau}
\end{aligned}\right\} \tag{4.31}$$

式中：$T_0 = 10\,000$ K。

设 $A = \frac{RT_0}{m}$，则 $A_{\mathrm{B}} = 7.69 \times 10^3$，$A_{\mathrm{C}} = 6.92 \times 10^3$。另外，$\frac{1}{\tau} = 10^8\ \mathrm{s}^{-1}$。

经过测量，可得本书实验中的激光光斑尺寸为$(10^{-3}\ \mathrm{m})^2\pi$，则可令 y、z 方向上的初始值为10^{-3} m；在 x 方向，由于等离子可视为高密度的单原子理想气体[124]，因此在 x 方向上的初始值为气体原子的平均自由程10^{-6} m。初始速度方面，由于 y、z 方向上不受约束，该方向上的初始速度为 0；由于靶材表面的约束，在 x 方向上的压强梯度远大于 y、z 方向，因此认为 x 方向上喷射出的粒子的速度按理想气体 Maxwell 速度分布，其 x 方向上的初始平均速度可以表示为[115]

$$\bar{v}=\left(\frac{8RT_{\mathrm{v}}}{\pi m}\right)^{0.5} \tag{4.32}$$

由此可得烧蚀硼、碳靶材所得等离子体的初始参数，各常量取值见表 4.4，所得初始参数见表 4.5。

表 4.4 各常量取值

量值	参数			
	R/[Pa · m³/(mol · K)]	T_{v}/K	m/(g/mol)	π
B	8.310	4 275	10.811	3.142
C		5 100	12.011	

表 4.5 等温膨胀阶段等离子体边界的初始条件

初始值	硼			碳		
	X	Y	Z	X	Y	Z
位置/m	10^{-6}	10^{-3}	10^{-3}	10^{-6}	10^{-3}	10^{-3}
速度/(m/s)	9 150	0	0	9 480	0	0

选取初始时刻 $t=0$，步长设为 $h=0.01$ ns，将初始值与步长代入差分方程[式(4.31)]，可得到等离子体边界运动的模拟结果。

2. 等离子体的绝热膨胀阶段

当 $t\geqslant\tau=10$ ns 时，激光能量停止输入，等离子体内的热能转化为动能，等离子开始绝热膨胀。同等温膨胀阶段，结合式(4.20)和式(4.29)，但需要注意的是，此时等离子的质量不再增加，因此$\frac{\partial m}{\partial t}=0$，式(4.20)等于 0，采用向前差分法对这一过程中等离子体边界运动进行模拟，可得

$$X(i)[X(i+2)-2X(i+1)+X(i)]=h^2\left(\frac{RT_0'}{m}\right)\left[\frac{X_0'Y_0'Z_0'}{X(i)Y(i)Z(i)}\right]^{\omega-1}$$

$$Y(i)[Y(i+2)-2Y(i+1)+Y(i)]=h^2\left(\frac{RT'_o}{m}\right)\left[\frac{X'_0Y'_0Z'_0}{X(i)Y(i)Z(i)}\right]^{\omega-1}$$

$$Z(i)[Z(i+2)-2Z(i+1)+Z(i)]=h^2\left(\frac{RT'_o}{m}\right)\left[\frac{X'_0Y'_0Z'_0}{X(i)Y(i)Z(i)}\right]^{\omega-1}$$

$$X(i)\left[\frac{\mathrm{d}X(t)}{\mathrm{d}t}\bigg|_{(i+1)}-\frac{\mathrm{d}X(t)}{\mathrm{d}t}\bigg|_{(i)}\right]=h\left(\frac{RT'_o}{m}\right)\left[\frac{X'_0Y'_0Z'_0}{X(i)Y(i)Z(i)}\right]^{\omega-1}$$

$$Y(i)\left[\frac{\mathrm{d}Y(t)}{\mathrm{d}t}\bigg|_{(i+1)}-\frac{\mathrm{d}Y(t)}{\mathrm{d}t}\bigg|_{(i)}\right]=h\left(\frac{RT'_o}{m}\right)\left[\frac{X'_0Y'_0Z'_0}{X(i)Y(i)Z(i)}\right]^{\omega-1}$$

$$Z(i)\left[\frac{\mathrm{d}Z(t)}{\mathrm{d}t}\bigg|_{(i+1)}-\frac{\mathrm{d}Z(t)}{\mathrm{d}t}\bigg|_{(i)}\right]=h\left(\frac{RT'_o}{m}\right)\left[\frac{X'_0Y'_0Z'_0}{X(i)Y(i)Z(i)}\right]^{\omega-1} \tag{4.33}$$

式中：T'_0为 $t\geqslant\tau=10$ ns 时等离子体的温度，一般取10^4 K[112]；X'_0、Y'_0、Z'_0为 $t\geqslant\tau=10$ ns时等离子体的边界位置。

由等离子体等温膨胀过程的差分方程，可求得方程(4.33)中所需的初始值X'_0、Y'_0、Z'_0，见表 4.6，步长设为 $h=1$ ns。

表 4.6　绝热膨胀阶段等离子体边界的初始条件

初始值	硼			碳		
	X	Y	Z	X	Y	Z
位置/m	9.31×10^{-4}	1.17×10^{-3}	1.17×10^{-3}	9.03×10^{-4}	1.06×10^{-3}	1.06×10^{-3}
速度/(m/s)	1.72×10^{5}	1.10×10^{2}	1.10×10^{2}	1.47×10^{5}	1.02×10^{2}	1.02×10^{2}

4.5.5　B-C 薄膜中原子比的理论计算

1. 计算过程与方法

在完成上述的逻辑推导后，可以求出硼或硼等离子羽辉中任意一点的等离子浓度，即该点硼或碳基本粒子的数量。当然也可以知道羽辉上边界(认为是等离子体到达基底界面的那个平面)一点的等离子浓度。

由于认为靶材在厚度方向上(图 4.11 中的 x 方向)是均匀的，激光能量在时间上是均匀的，因此，单脉冲结束后，空间点(x,y,z)的浓度可以理解为 $c(x,y,z,t)$与脉宽的乘积，即 $c(x,y,z,t)\tau$。考察基板平面内$(x,y,z)=(45,\pm1,\pm1)$一个 2 mm×2 mm 的正方形内的硼碳原子比。该区域内整个沉积过程中的硼碳原子比可理解为

$$R_{B/C}=\frac{\Omega_B}{\Omega_C}=\theta_{B/C}\cdot\frac{d_{aB}(\tau)\oint c_B(x,y,z,t)\mathrm{d}s}{d_{aC}(\tau)\oint c_C(x,y,z,t)\mathrm{d}s} \tag{4.34}$$

将式(4.14)、式(4.24)与表 4.4、表 4.5 中的初始值代入式(4.34),便可以计算出以各种形式靶材进行脉冲激光沉积所得薄膜材料的各组分比例,即材料中的硼碳原子比。将这组计算数据与 4.4.1 小节中的实验结果相比较,如图 4.12 所示。

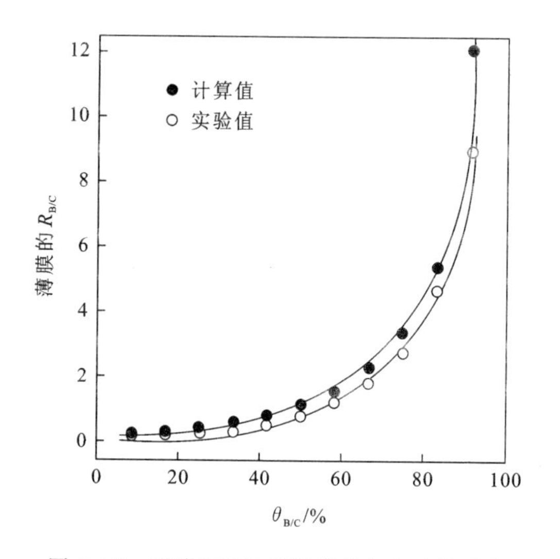

图 4.12 硼碳原子比的计算值与实验值对比

2. 计算结果分析

从图 4.12 可以观察到,B-C 薄膜中实际的化学组成的测试结果符合计算值的变化趋势。但是,B-C 薄膜中硼碳原子比的计算值要高于实验值,而且随着 B-C 拼合靶材中硼靶份额的增大,两者的差值也逐步加大。这是因为在理论计算中虽然考虑了 B-C 拼合靶材中硼靶和碳靶所占份额差异、硼靶和碳靶的密度差异、硼和碳原子体羽辉的浓度差异等因素,但在实际薄膜的沉积过程中,不同的靶材致密度会导致相爆炸过程中的液体和固体溅射发生频率也存在差异。拼合靶材中的硼靶具有比较低的致密度,仅为 80%。这样一来,更多的气泡会在相爆炸过程坍塌,使得液体和固体溅射发生频率大为提高。而液体和固体小颗粒的溅射并不像等离子羽辉有方向性,溅射中小颗粒的方向是随机的,并不是沿着靶表面的法线方向,致密度低的靶材势必会在被激光烧蚀后损失更多，这就造成了薄膜中的实际硼碳原子比偏小。

本章以B-C拼合靶为硼、碳源，对PLD工艺过程进行了设计与优化，得到了非晶态、硼与碳原子充分杂化成键的富硼B-C薄膜；较大的靶材自转速度($r_{tag}=18$ r/min)与合适的基板温度($T_{sub}=200$ ℃)使得薄膜中的硼、碳原子单层的厚度较小，粒子在薄膜表面的迁移能力较大，从而有利于材料中硼、碳原子充分地杂化成键；较高的基板温度($T_{sub}>400$ ℃)会使薄膜表面生长出微晶颗粒；B-C拼合靶中较大的硼靶份额会使薄膜表面的小液滴数目增加，这些因素都将增加薄膜的表面粗糙度。B-C薄膜的硼碳原子比的可控制范围为0.1～8.9，与B-C陶瓷靶材沉积的薄膜的原子比相比更加广泛。碳原子与硼原子杂化时，先以sp^2形式杂化，再以sp^3形式杂化；将等离子体羽辉视为理想流体，分析了硼、碳羽辉的演变过程，计算出B-C拼合靶材相应的薄膜中的硼碳原子比。低密度硼靶中的气孔在激光作用下发生坍塌，硼的液体和固体颗粒偏离法线方向溅射，使得硼碳原子比的实验值低于计算值。

本书总结

本书基于新一代的惯性约束核聚变靶丸烧蚀层材料的应用背景，以制备富硼 B-C 薄膜为基本目标，对镀膜工艺进行优化，设计了两种制备 B-C 薄膜的工艺方法，即首先制备成分可控的 B-C 陶瓷靶，再以此为硼、碳源进行脉冲激光沉积的工艺路线，以及使用不同形式的 B-C 拼合靶为硼、碳源进行脉冲激光沉积的新型工艺路线，并分别沉积了厚度均匀、表面平整的非晶态富硼 B-C 薄膜，得到多组经验数据，在较大范围内控制了富硼 B-C 薄膜的化学组成。最后，对该系列薄膜的沉积机理做出了理论分析与模拟计算，并给出了科学的评价。得到的主要结论和创新点如下：

(1) 采用 SPS 技术，以硼粉、碳粉为原料，在 $T_s=1\ 900$ ℃时制备出了致密度大于 95%的 B-C 陶瓷，材料显微结构均匀且晶粒尺寸约为 400 nm。材料物相主要为富硼相 $B_{13}C_2$，但仍有少量的游离碳存在。

(2) B-C 陶瓷中的晶格中的(104)晶面全部由碳原子占据。SPS 过程中的高温和机械压力使得该晶面发生滑移形成面缺陷，并表现为透射电子显微镜像中晶粒内部有大量的明暗条纹。

(3) 烧结过程中反应的实质为体系中的碳原子逐步进入硼晶格。材料中残留的少量碳颗粒在体系中起到钉扎作用，抑制了 B-C 颗粒的发育，这部分碳颗粒同时促进了致密化过程。

(4) 得到经验公式 $y=-1.1+7.2\times e^{-(x-13.6)^2}$，控制 B-C 陶瓷靶材中的硼碳原子比。

(5) 将制备出的成分可控的 B-C 陶瓷作为硼、碳源进行脉冲激光沉积，制备了 B-C 薄膜。扫描电子显微镜结果显示，薄膜厚度均匀、表面平整；X 射线衍射结果表明，薄膜为非晶态。

(6) $D_{T\text{-}S}=40$ mm、$P_L=90$ mJ 时，能够获得最大的 R_{dep} 为 0.038 nm/s。同时，在此种工艺条件下，薄膜表面的小液滴数量较少，薄膜的表面粗糙度也较低，为 4.2 nm。

(7) B-C 薄膜的硼碳原子比在 2.9～4.5 可控，但羽辉中硼、碳粒子的相互作用使得薄膜中的硼碳原子比相对于靶材中的原子比又有进一步的降低。光电子能谱研究表明，薄膜中的碳原子基本以 sp^3 形式与硼原子杂化。

(8) 以 B-C 拼合靶为硼、碳源，进行脉冲激光沉积，得到了富硼 B-C 薄膜。X 射线衍射结果表明，材料为基本非晶态，结合材料的显微结构测试，$T_{sub}>400$ ℃时，薄膜开始出现结晶，生长的微晶颗粒导致薄膜的表面粗糙度大于 20 nm。

(9) $T_{sub}=200$ ℃，$r_{tag}=18$ r/min 时，薄膜中的硼、碳原子单层的厚度较小，粒子在薄膜表面的迁移能力较大，材料中硼、碳原子能够充分地杂化成键。

(10) 以 B-C 拼合靶为硼、碳源得到的 B-C 薄膜的硼碳原子比的可控制范围为 0.1～8.9，与以均匀 B-C 陶瓷为靶材沉积所得薄膜中的原子比相比更加广泛。碳原子与硼原子杂化时，先以 sp^2 形式杂化，再以 sp^3 形式杂化。

(11) 在将等离子体羽辉视为理想流体的前提下，分析了硼、碳羽辉的演变过程，并计算出各 B-C 拼合靶材相应的薄膜材料中的硼碳原子比。低致密度硼靶中的气孔在激光作用下发生坍塌，硼的液体和固体颗粒偏离法线方向溅射，使得硼碳原子比的实验值低于计算值。

在第 4 章采用了一种新式的脉冲激光沉积镀膜工艺路线，摆脱了 PLD 工艺中均质靶材的传统概念，引入另一类形式的靶材，即拼合靶。此类形式靶材的运用能够使镀膜工艺跳过靶材制备的烦琐步骤，既而非常灵活地调配靶材组分。这使得脉冲激光沉积技术能够如化学气相沉积那样控制薄膜的化学组成，也使得 PLD 技术可以改变掺杂难的困境。相信拼合靶材概念在脉冲激光沉积技术中的引入，会为今后制备高纯度、成分可控的薄膜提供有力的支持。

参考文献

[1] 孙景文. 高温等离子体X射线谱学. 北京:国防工业出版社,2003.

[2] 张杰. 浅谈惯性约束核聚变. 物理,1999(3):142.

[3] 王雪敏,吴卫东,李盛印,等. 类金刚石膜在ICF研究中的潜在应用. 激光与光电子学进展. 2009,46(1):60-66.

[4] COAD P,FARMMERY B,LINKE J,et al. Experience with boron-carbide coated target tiles in JET. J Nucl Mater,1993,200(3):389-394.

[5] SHIKAMA T,FUJITSUKA M,ARAKI H,et al. Irradiation behavior of carbon-boron compounds and silicon carbide composites developed as fusion reactor materials. J Nucl Mater,1992,191(5):611-615.

[6] DORING J E,VABEN R,LINKE J,et al. Properties of plasma sprayed boron carbide protective coating for the first wall in fusion experiments. J Nucl Mater,2002,307-311(1):121-125.

[7] FUENTES C,BLAUMOSER M,BOTIJIA J,et al. Development and tests of B_4C-covered heat shields for TJ-II. Fusion Eng Des,2001,56:315-319.

[8] KATAOKA H,OKAMOTO Y,TSUKAHARA S,et al. Separate vaporization of boric acid and inorganic boron form tungsten sample cuvette-tungsten boat furnace followed by the detection of boron species by inductively coupled plasma mass spectrometry and atomic emission spectrometry (ICPMS and ICP-AES). Anal Chim Acta,2008,610(2):179-185.

[9] JIMÉNEZ I,SUTHERLAND D G J,VAN BUUREN T,et al. Photoemission and X-ray-absorption study of boron carbide and its surface thermal stability. Phys Rev B,1998,57(20):13167-13174.

[10] VEPŘEK S. Large-area boron carbide protective coatings for controlled thermonuclear research prepared by in situ plasma CVD. Plasma Chem Plasma Chem Plasma Process,1992,12(3):219-235.

[11] JACKSON G L,WINTER J,BURRELL K H,et al. Boronization of the DIII-D tokamak. J Nucl Mater,1992,196(1):236-240.

[12] JACKSON G L,WINTER J,LIPPMANN S,et al. Carbonization of the DIII-D tokamak. J Nucl Mater,1991,185(1):138-146.

[13] WINTER J. A comparison of tokamak operation with metallic getters (Ti,Cr,Be) and boronization. J Nucl Mater,1990,176-177(3):14-31.

[14] KODAMA H,SUGIYAMA T,MORIMOTO Y,et al. Thermal annealing effects on chemical states of deuterium implanted into boron coating film. J Nucl Mater,2003,313(3):153-157.

[15] KODAMA H, OYAIDZU M, YOSHIKAWA A, et al. Helium irradiation effects on retention behavior of deuterium implanted into boron coating film by PCVD. J Nucl Mater, 2005,337(1):649-653.

[16] WITTEN T A, JR. SANDER L M. Diffusion-limited aggregation, a kinetic critical phenomenon. Phys Rev Lett,1981,47(19):1400-1403.

[17] KUDRYASHOV S I, ALLEN S D. Optical transmission measurements of explosive boiling and liftoffof a micron-scale water droplets from a KrF laser-heated Si substrate. Appl Phys Lett,2003,93(7):4306-4308.

[18] 顾士甲,王明辉,许虹杰,等. B_2O_3 和 Si 粉的添加对碳化硼陶瓷性能的影响. 陶瓷学报,2016,4:329-333.

[19] 张卫珂,常杰,张敏,等. Si 对热压烧结 B_4C 陶瓷材料显微结构与性能的影响. 人工晶体学报,2013,42(12):2576-2582.

[20] BOUCHACOURT M, BRODHAG C, THEVENT F. The hot pressing of boron and boron rich compounds: B_{60}, $B_{10.5}C$-B_4C. Science of Ceramics,1981,11:231.

[21] SCHWETZ K A. Boron Carbide, Boron Nitride and Metal Borides. Ullmann's Encyclopedia of Industrial Chemistry, Weinheim: VEH verlagsgesellschaft,2000.

[22] BULGAKOVA N M, BULGAKOV A V. Pulsed laser ablation of solids: Transition from normal vaporization to phase explosion. Appl Phys A,2001,73(2):199-208.

[23] 薛增泉,吴全德,李浩. 薄膜物理. 北京:电子工业出版社,1991.

[24] YOO J H, JEONG S H, MAO X L, et al. Evidence for phase-explosion and generation of large particles during high power nanosecond laser ablation of silicon. Appl phys lett,2000, 76(6):783-785.

[25] WERHEIT H, DE GROOT K, MALKEMPER W. On the metal-insulator transition of boron carbide. J Less-commet Metals,1981,82(11/12):153-162.

[26] BOUCHACOURT M, THEVENT F. The Correlation between the thermoelectric properties and stoichiometry in the boron carbide phase B_4C-$B_{10.5}C$. J Mater Sci,1985,20(4):1237-1247.

[27] RUH R, KEARNS M. Phase and properties studies of boron carbide-boron nitride composites. J Am Ceram Soc,1992,75(4):864-872.

[28] ELLIOTT R P. Boron-carbon system. Jom-J Metals,1964,16(9):766.

[29] ELLIOTT R P. Constitution of Binary Alloys. First Supplement. New York: McGraw-Hill,1965.

[30] THEVENOT F. A review on boron carbide. Key Eng Mater,1991,56:59-88.

[31] CONARD J, BOUCHACOURT M, THEVENT F, et al. C and B nuclear magnetic resonance investigations in the boron carbide phase homogeneity range: a model of solid solution. J Less-commet Metals,1986,117(1):51-60.

[32] TSAGAREISHVILI G V, NAKASHIDZE T G, SH JOBAVA J, et al. Thermal expansion of

boron carbide. J Less-commet Metals,1986,117(1):159-161.

[33] TALLANT D R, ASELAGE T L, CAMPBELL A N, et al. Boron carbide evidences for molecular level disorder. J Non-Cryst Solids,1988,106(1):370-373.

[34] WERHEIT H. Optical phonons of boron carbide depending on the composition. J Less-commet Metals,1986,117(1):17-20.

[35] BOUCHACOURT M, THEVENT F. The strcrure and properties of the boron carbide phase. J Less-commet Metals,1981,82(81):227-235.

[36] DONOHUE J. The Structure of the Elements. New York:Wiley,1974.

[37] VAST N, BARONI S, ZERAH G, et al. Lattice dynamics of icosahedral α-boron under pressure. Phys Rev Lett,1997,78(4):693-696.

[38] VAST N, BARONI S, ZERAH G, et al. Atomic structure and vibrational properties of icosahedral α-boron and B_4C boron carbide. Phys Stat Sol B,1996,198(1):115-119.

[39] VAST N, BERNARD S, ZERAH G. Structural and electronic properties of liquid boron from a molecular-dynamics simulation. Phys Rev B,1995,52(6):4123-4130.

[40] KRISHNAM S, ANSELL S, FELTEN J J, et al. Structure of Liquid Boron. Phys. Rev. Lett, 1998,81(3):586-589.

[41] MAURI F, VAST N, PICKARD C J. Atomic structure of icosahedral B_4C boron carbide from a first principles analysis of NMR spectra. Phys Rev Lett,2001,87(8):1-4.

[42] LARSON C. Boron Rich Solids. New York:American Institute of Physics,1986:109.

[43] MOROSIN B, KWEI G H, LAWSON A C, et al. Neutron powder diffraction refinement of boron carbides nature of intericosahedral chains. J Alloy Compd,1995,226(1):121-125.

[44] KWEI G H, MOROSIN B. Structures of the boron-rich boron carbides from beutron powder diffraction:Implications for the nature of the inter-icosahedral chains. J Phys Chem,1996, 100(19):8031-8039.

[45] GLASER F W, MOSKOWITZ D, POST B. An investigation of boron carbide. J Appl Phys, 1953,24(6):731-733.

[46] EMIN D. Structure and single-phase regime of boron carbides. Phys Rev B,1988,38(9): 6041-6055.

[47] HEIAN E M, KHALSA S K, LEE J W, et al. Synthesis of dense, high-defect-concentration B_4C through mechanical activation and field-assisted combustion. J Am Ceram Soc,2004,87(5):779-783.

[48] WERHEIT H. Optical phonons of boron carbide depending on the composition. J Less-commet Metals,1986,117(1):17-20.

[49] GLASER F W, MOSKOWITZ D, POST B. An investigation of boron carbide. Journal of Applied Physics,1953,24(6):731-733.

[50] 鲍崇高,宋索成,赵黎明. 反应烧结碳化硅陶瓷中碳化硼-碳纤维联合增强机制. 稀有金属材料与工程,2015(s1):229-233.

[51] 魏红康,汪长安,谢志鹏,等. 碳化硼 SPS 烧结致密化行为研究. 陶瓷学报,2014,35(5):470-473.

[52] 杨亮亮,谢志鹏,刘维良,等. 碳化硼陶瓷的烧结与应用新进展. 陶瓷学报,2015(1):1-8

[53] 邬国平,焦永峰,谢方民,等. 液相烧结碳化硼陶瓷的实验研究. 中国陶瓷,2015(11):68-70.

[54] 袁义鹏,姜宏伟,郑友进. 葡萄糖助剂对无压烧结碳化硼性能的影响. 牡丹江师范学院学报(自然科学版),2016(3):36-38

[55] 苏明甫,廖志君,谢兰东,等. 电子束蒸发沉积制备碳化硼薄膜的化学结构研究. 四川大学学报(自然科学版),2014(3):563-568.

[56] 张玲,何智兵,李俊,等. 溅射功率对碳化硼薄膜组分与力学性能的影响. 强激光与粒子束,2013,25(9):2317-2323.

[57] M. V 斯温. 陶瓷的结构与性能. 郭景坤,译. 北京:科学出版社,1998.

[58] 李平,王永兰,高积强,等. 碳化硼粉末的真空热处理净化研究. 兵器材料科学与工程,1998,21(3):36-40.

[59] 周玉. 陶瓷材料学. 哈尔滨:哈尔滨工业大学出版社,1995.

[60] SEHWETZ K A,VOGT G. Process for the production of dense sintering shaped articles of polycrystalline boron carbide by pressure less sintering:US4195066,19800325.

[61] PROCHAZKA S,DOLE S L,HEJNA C I. Abnormal grain growth and microcracking in boron carbide. J Am Ceram Soc,1985,68(9):C235-C236.

[62] HENEY J W,JONES J S. Sintered boron carbide containing free carbon. U K,1979.

[63] LANGE R G,MUNIR Z A,HOLT J B. Sintering kinetics of pure and doped boron carbide. Mater Sci Res,1980,13:311.

[64] SUZUKI H,HASE T,MARUYAMA T. Effect of carbon on sintering of boron carbide. J Ceram Soc Jpn,1979,87(8):430-433.

[65] PROCHAZKA S, DOLE S L. Development of spacecraft materials and structure fundamentals. General Electric Corporate Reaearch and Development Schenectday NY,1985.

[66] LIU C H. Structure and properties of boron carbide with aluminum incorporation. Mater Sci Eng B,2000,72(1):23-26.

[67] LU Q M, MAO S S, MAO X L, et al. Delayed phase explosion during high-power nanosecond laser ablation of silicon. Appl Phys Lett,2002,80(17):3072-3074.

[68] CSAKO T,BUDAI J,SZORENYI T. Property improvement of pulsed laser deposited boron carbide films by pules shortening. Appl Surf Sci,2006,252(13):4707-4711.

[69] PAN W J,SUN J,LING H,et al. Preparation of thin films of carbon-based compounds. Appl Surf Sci,2003,218(1):298-305.

[70] AOQUI S,MIYATA H,OHSHIMA T,et al. Preparation of boron carbide thin film by pulsed KrF excimer laser deposition process. Thin Solid Films,2002,407(1):126-131.

[71] SZORENYI T,STOQUERT J P,ANTONI F,et al. The combined effect of laser fluence

and target deterioration in determining the chemical composition of pulsed laser deposited boron carbide films. Surf Coat Tech,2004,180(3):127-131.

[72] KOKAI F,TANIWAKI M,ISHIHARA M,et al. Effect of laser fluence on the deposition and hardness of boron carbide thin films. Appl Phys A,2002,74(4):533-536.

[73] SUN J,LING H,PAN W J,et al. Chemical structure and micro-mechanical properties of ultra-thin films of boron carbide prepared by pulsed-laser deposition. Tribol Lett,2004,17(1):99-104.

[74] SIMON A,CSAKO T,JEYNES C,et al. High lateral resolution 2D mapping of the B/C ratio in a boron carbide film formed by femtosecond pulsed laser deposition. Nucl Instrum Methods Phys Res B,2006,249(1):454-457.

[75] KOKAI F,TANIWAKI M,TAKAHASHI K,et al. Laser ablation of boron carbide: Thin-film deposition and plume analysis. Diam Relat Mater,2001,10(3):1412-1416.

[76] SZORENYI T, STUCK R, ANTONI F, et al. Number density and size distribution of droplets in KrF excimer laser deposited boron carbide films. Appl Surf Sci,2005,247(1):45-50.

[77] SUDA Y,SUGANUMA Y,SAKAI Y,et al. Preparation of double layer film of boron and carbon by pulsed laser deposition. Appl Surf Sci,2002,197(1):603-606.

[78] JACOBSOHN L G,SCHULZE R K. Sputter-deposited boron carbide films: Structure and mechanical characterization. Surf Coat Tech,2005,200(5):1472-1475.

[79] JACOBSOHN L G,SCHULZE R K,DA COSTA M E H M,et al. X-ray photoelectron spectroscopy investigation of boron carbide films deposited by sputtering. Surf Sci,2004,572(2):418-424.

[80] REIGADA D C,PRIOLI R,JACOBSOHN L G,et al. Boron carbide films deposited by a magnetron sputter-ion plating process: Film composition and tribological properties. Diam Relat Mater,2000,9(3):489-493.

[81] PASCUAL E, MARTINEZ E, ESTEVE J, et al. Boron carbide thin films deposited by tuned-substrate RF magnetron sputtering. Diam Relat Mater,1999,8(2):402-405.

[82] JACOBSOHN L G, AVERITT R D, WETTELAND C J, et al. Role of intericosahedral chains on the hardness of sputtered boron carbide films. Appl Phys Lett,2004,84(21):4173-4175.

[83] WU M J,KIELY J D,KLEMMER T,et al. Process-property relationship of boron carbide thin films by magnetron sputtering. Thin Solid Films,2004,449(1):120-124.

[84] ULRICH S, EHRHARDT H, SCHWAN J, et al. Subplantation effect in magnetron sputtered superhard boron carbide thin films. Diam Relat Mater,1998,7(6):835-838.

[85] GURUZ M U,DRAVID V P,CHUNG Y W. Synthesis and characterization of single and multilayer boron nitride and boron carbide thin grow by magnetron sputtering of boron carbide. Thin Solid Films,2002,414(1):129-135.

[86] HAN Z H, LI G Y, TIAN J W, et al. Microstructure and mechanical properties of boron carbide thin films. Mater Lett, 2002, 57(4): 899-903.

[87] LEE K W, HARRIS S J. Boron carbide films grown from microwave plasma chemical vapor deposition. Diam Relat Mater, 1998, 7(10): 1539-1543.

[88] OLIVEIRA J C, CONDE O. Deposition of boron carbide by laser CVD: A comparison with thermodynamic predictions. Thin Solid Films, 1997, 307(1): 29-37.

[89] POSTEL O, HEBERLEIN J. Deposition of boron carbide thin film by supersonic plasma jet CVD with secondary discharge. Surf Coat Tech, 1998, 108(10): 247-252.

[90] CONDE O, SILVESTRE A J, OLIVEIRA J C. Influence of carbon content on the crystallographic structure of boron carbide films. Surf Coat Tech, 2000, 125(1): 141-146.

[91] JAGANNADHAM K, WATKINS T R, LANCE M J, et al. Laser physical vapor deposition of boron carbide films to enhance cutting tool performance. Surf Coat Tech, 2009, 203(20): 3151-3156.

[92] CARETTI I, GAGO R, ALBELLA J M, et al. Boron carbides formed by coevaporation of B and C atoms: Vapor reactivity, B_xC_{1-x} composition, and bonding structure. Phys Rev B, 2008, 77(17): 174109.

[93] RONNING C, SCHWEN D, EYHUSEN S, et al. Ion beam synthesis of boron carbide thin films. Surface and Coatings Technology, 2002, 158: 382-387.

[94] CHEN H Y, WANG J, YANG H, et al. Synthesis of boron carbide films by ion beam sputtering. Surf Coat Tech, 2000, 128(1): 329-333.

[95] SASAKI S, TAKEDA M, YOKOYAMA K, et al. Thermoelectric properties of boron-carbide thin film and thin film based thermoelectric device fabricated by intense-pulsed ion beam evaporation. Sci Tech Adv Mater, 2004, 6(2): 181-184.

[96] SUEMATSU H, KITAJIMA K, RUIZ I, et al. Thermoelectric properties of crystallized boron carbide thin films prepared by ion-beam evaporation. Thin Solid Films, 2002, 407(1): 132-135.

[97] TAN M L, ZHU J Q, HAN J C, et al. Relative fraction of sp^3 bonding in boron incorporated amorphous carbon films determined by X-ray photoelectron spectroscopy. Mater Res Bull, 2008, 43(7): 1670-1678.

[98] POSTEL O B, HEBERLEIN J V R. Boron carbide thin film deposition using supersonic plasma jet with substrate biasing. Diam Relat Mater, 1999, 8(10): 1878-1884.

[99] KAMIMURA K, YOSHIMURA T, NAGAOKA T, et al. Preparation and thermoelectric property of boron thin film. J Solid State Chem, 2000, 154(1): 153-156.

[100] ENSINGER W, KRAFT G, SITTNER F, et al. Silicon carbide and boron carbide thin films formed by plasma immersion ion implantation of hydrocarbon gases. Surf Coat Tech, 2007, 201(19): 8366-8369.

[101] CAMPBELL A N, MULLENDORE A W, TALLANT D R, et al. Low-carbon boron

carbidestproduced by CVD//MRS Proceeding. Cambridge: Cambridge University Press, 1987:113.

[102] ANSELMI-TAMBURINI U, OHYANAGI M, MUNIR Z A. Modeling studies of the effect of twins on the X-ray diffraction patterns of boron carbide. Chem Mater, 2004, 16(22): 4347-4351.

[103] VIJAY V V, NAIR S G, SREEJITH K J, et al. Synthesis, Ceramic Conversion and Microstructure Analysis of Zirconium Modified Polycarbosilane[J]. J. Inorg Organomet. Polym, 2016, 26(2): 302-311.

[104] BOTHARA M G, VIJAY P, ATRE S V, et al. Design of experiment approach for sintering study of nanocrystalline SiC fabricated using plasma pressure compaction[J]. Scisinter, 2009, 41(2): 125-133.

[105] CHEN G, ZHANG S, WANG C, et al. Spark plasma sintering and mechanical properties of boron carbide ceramics[J]. J. Synth. Cryst. , 2009, 1: 034.

[106] YAN Q, DU X, LONG M, et al. The preparation and application of boron carbide and the recovery prospects of boron carbide abrasive materials. China Ceramics, 2015, 4: 3.

[107] HILL RJ, HOWARD CJ. Quantitative phase analysis from neutron powder diffraction data using the rietveld method. J Appl Cryst, 1987, 20(6): 467-474.

[108] RIETVELD H M. Line profiles of neutron powder-diffraction peaks for structure refinement. Acta Crystallogr, 1967, 22: 151.

[109] PUJAR V V, CAWLEY J D. Effect of stacking faults on the X-ray diffraction profiles of β-SiC powders. J Am Ceram Soc, 1995, 78(3): 774-782.

[110] PUJAR V V, CAWLEY J D. Computer simulations of diffraction effects due to stacking faults in of β-SiC: I, simulation results. J Am Ceram Soc, 1997, 80(7): 1653-1662.

[111] PUJAR V V, CAWLEY J D. Computer simulations of diffraction effects due to stacking faults in of β-SiC: II, experimental verification. J Am Ceram Soc, 2001, 84(11): 2645-2651.

[112] 金格瑞 W D. 陶瓷导论. 清华大学无机非金属材料教研组, 译. 北京: 中国建筑工业出版社, 1982.

[113] 尹邦跃, 王零森, 方寅初. 纯 B_4C 和掺碳 B_4C 的烧结机制. 硅酸盐学报, 2001, 29(1): 68-71.

[114] 叶云霞, 王大承, 张永康. 脉冲激光沉积制备薄膜的研究动态. 江苏理工大学学报. 2001, 22(2), 56-59.

[115] MARTINO M, CARICATO A P, FEMANDEZ M, et al. Pulsed laser deposition of active waveguide. Thin Solid Films, 2003, 433(1): 39-44.

[116] SINGH R K, NARAYAN J. Pulsed-laser evaporation technique for deposition thin film: Physics and theoretical model. Phys Rev B, 1990, 41: 8843-8859.

[117] SANKUR H, DENATALE J, GUNNING W, et al. Dense crystalline ZrO_2 thin films deposited by pulsed-laser evaporation. J Vac Sci Technol A, 1987, 5(5): 2864-2869.

[118] ASHFOLD M N R, CLAEYSSENS F, FUGE G M, et al. Pulsed laser ablation and deposition of thin films. Chem Soc Rev,2004,33(1):23-31.

[119] KOWK H S,KIM H S,KIM D H,et al. Correlation between plasma dynamics and thin film properties in pulsed laser deposition. Appl Surf Sci,1997,109(1):595-600.

[120] 许世发,田永君,吕惠宾,等. 脉冲激光沉积大面积高温超导氧化物薄膜. 科学通报,1994,39(14):1280-1283.

[121] 何建平,江超,胡少六,等. 功能梯度薄膜的脉冲激光沉积研究进展. 激光杂志,2004,25(5):10-13.

[122] 江建军,邓联文,何华辉. 脉冲激光沉积技术在磁性薄膜制备中的应用. 材料导报,2003,17(2):66-68.

[123] ZHANG Z Y,CHEN X,LAGALLY M G. Bonding geometry dependence of fractal growth on metal surfaces. Phys Rev Lett,1994,73(13):1829-1832.

[124] ZHANG Z Y, LAGALLY M G. Atomistic processes in the early stages of thin-film growth. Science,1997,276(5311):377-383.

[125] PAKHOMOV A V,THOMPSON M S,GREGORY D A. Laser-in-duced phase explosion in lead, tin and other elements: microsecond regime and UV-emission. J Phys D: Appl Phys,2003,36(17):2067-2075.

[126] CHEN X Y,WU Z C,YANG B,et al. Four regions of the propagation of the plume formed in pulsed laser deposition by optical-wave-length-sensitiveCCD photography. Thin Solid Films,2000,375(1):233-237.

[127] 张端明,赵修建. 脉冲激光沉积动力学与玻璃基薄膜. 武汉:湖北科学技术出版社,2006.

[128] KONOVALIKHIN S V, PONOMAREV V I. Carbon in boron carbide: The crystal structure of $B_{11.4}C_{3.6}$. Russ J Inorg Chem,2009,54(2):197-203.